普通高等教育一流本科专业建设成果教材

材料成形工艺基础 学习指导

吴　勃　袁晓明　主编　　王宏宇　主审

化学工业出版社
·北京·

内容简介

本书是根据《普通高等学校工程材料及机械制造基础系列课程教学基本要求》所编写的、服务于材料成形工艺基础部分学习的辅导教材，遵循了课程-实验-项目三位一体课程建设理念。本书共分为四部分：第一部分对《材料成形工艺基础》各章内容进行了归纳总结，尤其突出了对其中重点难点内容学习的指导；第二部分为机械零件毛坯设计指导，为开展覆盖制造工艺全链的课程项目实践奠定必要基础；第三部分提供了四套模拟试题，供学习者对学习效果进行检测；第四部分为课程实验指导，通过实验进一步促进学习者相关能力养成。

本书可作为高等学校本科机械类、近机械类专业学生学习材料成形工艺基础相关课程的辅导用书，也可作为相关课程自学者的参考用书。

图书在版编目（CIP）数据

材料成形工艺基础学习指导/吴勃，袁晓明主编. —北京：
化学工业出版社，2023.9
ISBN 978-7-122-43531-6

Ⅰ.①材… Ⅱ.①吴… ②袁… Ⅲ.①工程材料-成型-
高等学校-教学参考资料 Ⅳ.①TB3

中国国家版本馆 CIP 数据核字（2023）第 090130 号

责任编辑：丁文璇　　　　　　　　　　　文字编辑：陈立璞　林　丹
责任校对：李露洁　　　　　　　　　　　装帧设计：张　辉

出版发行：化学工业出版社（北京市东城区青年湖南街 13 号　邮政编码 100011）
印　　装：大厂聚鑫印刷有限责任公司
710mm×1000mm　1/16　印张 10½　字数 179 千字　2023 年 10 月北京第 1 版第 1 次印刷

购书咨询：010-64518888　　　　　　　　售后服务：010-64518899
网　　址：http://www.cip.com.cn
凡购买本书，如有缺损质量问题，本社销售中心负责调换。

定　　价：32.00 元　　　　　　　　　　　　　　版权所有　违者必究

前言

　　"材料成形工艺基础"课程是机械类和近机械类专业的一门重要基础课，内容多、知识面广、实践性强。进入 21 世纪以来，尤其是"互联网＋教育"促进了高等教育教学理念、模式和方法的深度变革，对教师教学和学生自主学习能力的培养提出更高要求，对高质量学习辅导教材的需求愈加迫切。基于上述考虑并贯彻党的二十大精神，本书遵循课程-实验-项目三位一体课程建设理念，以江苏大学王宏宇主编的《材料成形工艺基础》一书为编写基础，旨在为相关课程教师教学和学生自学提供参考。本书为江苏大学国家级一流本科专业建设成果教材。

　　本书各部分结构与特点如下：

　　（1）第一部分为材料成形工艺基础学习指导。本部分对《材料成形工艺基础》各章内容进行了归纳总结，对重点难点内容运用"图表归纳法""特征分析法""条件筛选法"等方法进行学习指导，同时有机融入了课程思政内容，每章均给出了适量的自测题。自测题参考答案可扫描封底的二维码进行查看，以便及时拾遗补缺。

　　（2）第二部分为机械零件毛坯设计指导。本部分主要包括铸件和锻件的设计方法、实例和设计选题，指导学生依据零件的材料、技术要求和生产类型等条件，确定毛坯成形方法、形状、尺寸及制造精度等，完成毛坯图的设计与绘制，为开展覆盖制造工艺全链的课程项目实践奠定必要基础。

　　（3）第三部分为课程模拟试题。本部分包括四套模拟试题，题目类型有是非题、选择题、填空题、简答题和综合题等，同时给出了模拟试题的参考答案。试题考察点，既针对内容广泛的基本理论学习与掌握，又充分考虑了实践性强的工程问题的理解与分析。

　　（4）第四部分为课程实验指导。本部分共有六个实验项目，包括金属液的充型能力及流动性测定、铸造合金残余应力测定、冲模拆装与结构分析、金属激光焊接、热塑性塑料注射成形、熔融挤压原型增材制造等，涉及面较广，不同高校可根据自身的实验条件选择开设实验。

　　本书由江苏大学吴勃、袁晓明主编，由江苏大学国家级一流专业建设点——机械设计制造及其自动化专业负责人王宏宇主审，全书由吴勃负责统稿。具体分工如下：江苏大学吴勃负责编写第一部分的第 1、5～7 章，第二部分和第三部分；江苏大学顾衡、朱英霞、许江平负责编写第一部分的第 2～4 章；江苏大学袁晓明负责编写第四部分。部分兄弟院校的相关课程组也为本书提出了诸多宝贵意见，在此一并致谢。

　　由于编者水平有限，书中难免有不足之处，敬请读者批评指正。

编　者

2023 年 1 月于江苏镇江

目 录

第一部分　材料成形工艺基础学习指导

第二部分　机械零件毛坯设计指导

第三部分　课程模拟试题

第四部分　课程实验指导

第一部分

材料成形工艺基础学习指导

第 1 章　材料成形工艺概述

1.1　学习内容与学习要求

1.1.1　学习内容

材料成形工艺的内涵、种类和特点；材料成形工艺在机械制造中的作用和地位；我国材料成形工艺的发展概况；材料成形工艺的发展趋势；材料成形工艺基础课程的性质、内容、目标和学习要求。

1.1.2　学习要求

① 理解材料成形工艺的内涵。

② 了解材料成形工艺的种类及其工艺特点。

③ 了解材料成形工艺在机械制造中的作用和地位。

④ 了解材料成形工艺的发展概况和发展趋势。

⑤ 熟悉材料成形工艺基础课程的性质、内容、目标和学习要求，并注意调整和改进学习方法，注重解决工程问题的能力培养。

1.2　重难点分析及学习指导

1.2.1　重难点分析

材料成形工艺可以理解为，利用各类生产工具对材料进行加工或处理，使之成为具有一定几何尺寸、形状和性能等的产品的方法与过程。

本章学习的重点：材料成形工艺的几种分类方法；材料成形工艺的特点。

本章学习的难点：针对本课程具有的内容上的广泛性、高度的综合性和极强的实践性特点，及时调整和改进学习方法，建立培养独立分析问题与解决问题能力的意识。

1.2.2　学习指导

本章属于课程的绪论部分，从总体上介绍了材料成形工艺基础的概念、种类和特点，并对本课程的性质、内容、目标和学习要求给出了具体说明。

1.2.2.1　材料成形工艺的内涵、种类和特点

现代材料成形工艺可定义为：一切用物理、化学、冶金原理制造机械零部件和结构，或改进机械零部件化学成分、微观组织及性能的方法与过程。其任务不仅是研究如何使机械零部件获得必要的几何尺寸和形状，同时还研究如何通过过程控制获得一定的化学成分、组织结构和性能，从而保证机械零部件的安全可靠度和寿命。

材料成形工艺总体上可以分为金属材料成形工艺、非金属材料成形工艺、复合材料成形工艺和增材制造等。各种材料的成形工艺又可以根据材料的种类、成形原理等进行分类，具体分类情况见图1-1。

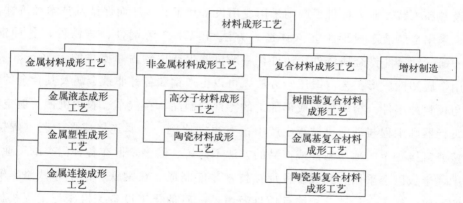

图 1-1　材料成形工艺的种类

根据几种主要的材料成形工艺原理，并与机械切削加工工艺相比较，可将材料成形工艺的主要特点归纳如下：

① 材料利用率高。对于相同的零件产品，当采用棒料或块状金属作为毛坯时，切削余量较大；当采用铸、锻件作为毛坯进行切削加工时，毛坯形状接近零件，机械加工余量较小。

② 产品性能好。这主要是因为成形工艺生产时，材料沿零件的轮廓形状分布，尤其是金属材料压力加工时纤维组织连续、晶粒细化，有利于提高零件产品的内在质量（力学性能，如强度、疲劳寿命等）。而直接采用型材切削加工时，则会将金属纤维组织切断。以锥齿轮为例，采用成形工艺生产同采用切削加工生

产相比，其强度、抗弯疲劳寿命提高了约20%。

③ 一般材料成形件的尺寸精度和表面质量低于切削加工件。因此，对金属零件的生产，一般先采用材料成形工艺获得具有一定机械加工余量和尺寸公差的毛坯，然后通过机械切削加工获得最终产品。

1.2.2.2 材料成形工艺在机械制造中的作用和地位

大多数机械零件是先用材料成形工艺方法将原材料制成毛坯，然后经机械加工，使之具有符合要求的尺寸、形状、相对位置和表面质量。材料成形是制造过程的重要组成部分。

材料成形工艺过程是由一个或多个工序组成的，而一个工序中又包括一个或多个工步。工序，是指由一个或一组工人在同一台设备或同一个工作地，对一个或同时对几个加工对象所连续完成的那一部分工艺过程。工步，则是指在加工表面不变、加工工具不变、加工参数不变的情况下所完成的那一部分工艺过程。材料成形工艺过程的组织与其生产类型直接相关。如单件、小批量生产一般采用通用设备和工装，而大批量生产则采用专用设备和工装，从而保证其技术经济性。

采用金属液态成形工艺（铸造）方法可以生产铸钢件、铸铁件，各种铝、铜、镁、钛等非铁金属铸件。铸件在一般机器生产中约占总质量的40%～80%。采用金属塑性成形工艺（锻压）方法，可以生产钢和各种非铁金属及其合金的锻件与板料冲压件。金属塑性成形加工的零件与制品，在汽车、农用机械、航空航天飞行器和工程与动力机械等生产中占有很大比例。金属连接成形工艺（焊接、胶接或铆接）生产独立制件或产品的方法不如铸、锻多，但在各种门类的工业制品中，半数以上采用一种或多种焊接技术才能制成。在钢铁、汽车和铁路车辆、舰船、航空航天飞行器、核能反应堆及电站、石油化工设备、机床与工程机械、电器与电子产品等现代工业制品，以及桥梁、高层建筑、城市高架或地铁、油气远距离输送管道、高能粒子加速器等诸多重大工程中，金属连接成形工艺都占有十分重要的地位，其应用尤为广泛。

1.2.2.3 我国材料成形工艺的发展概况

我国不仅是世界上材料成形工艺应用最早的国家之一，而且技术极为先进，有着灿烂的材料成形技术发展史。新中国成立之后，我国的铸、锻、焊工业随着机械制造业的发展同步壮大起来。改革开放以来，随着我国国民经济的持续快速发展，铸、锻、焊生产也突飞猛进，尤其是进入21世纪以来，随着我国航空航天、轨道交通、基础设施等的快速发展，我国材料成形工艺在天宫、蛟龙、天眼、悟空、墨子和大飞机等重大工程中大放异彩，同时也铸就了"中国高铁""中国桥梁"等一系列"中国品牌"。但是，中国虽是制造大国，作为制造业的主体，作为机械、汽车、电力、石化、造船等支柱产业的基础技术，材料成形工艺的质量和效率仍有待提高。目前，我国材料成形工业存在的主要问题是：企业数量多，但规模小，尤其是专业化生产的企业少；一般设备数量多，高精高效专用设备少；一般铸、锻、焊生产能力过剩，而高精和特种铸、锻、焊生产能力不足；计算机 CAD/CAM/CAE 技术应用不广等。

1.2.2.4 材料成形工艺的发展趋势

（1）成形精度向精密净成形的方向发展

材料成形工艺朝着精密化的方向发展，表现为零件成形的尺寸精度正在从近净成形向净成形，即近无余量成形方向发展，直接制成符合形状和尺寸要求的工件，主要方法有多种形式的精铸、精锻、精冲、冷温挤压、精密焊接与切割等。

（2）成形质量向近无缺陷方向发展

近无缺陷、"零"缺陷成形反映了成形加工的优质特征。采取的主要措施有：采用先进工艺净化熔融金属，增大合金组织的致密度，为得到健全的铸件、锻件奠定基础；采用模拟技术，优化工序设计，实现一次成形及试模成功，保证质量；加强工艺过程监控及无损检测，及时发现超标零件；通过零件安全可靠性能研究及评估，确定临界缺陷量值等。

（3）成形方法向复合方向发展

与新的材料制备及合成技术相适应，新的成形方法成为材料成形工艺研发的一个重要领域。材料制备和材料加工一体化是一个发展趋势；一些特殊材料（如超硬材料、复合材料、陶瓷等）的应用，造就了一批新型复合工艺，如超塑成形、扩散连接技术等的诞生；激光、电子束、离子束及等离子体等多种新能源及能源载体的引入，形成了多种新型加工与改性技术；此外，复合的特征还表现在冷热加工之间，加工、检测、物流及装配过程之间的界限趋向淡化，而复合、集成于统一的制造系统之中。

（4）成形加工过程向建模与仿真的方向发展

应用数值模拟于铸造、锻压、焊接等工艺设计中，并与物理模拟及专家系统结合，来确定工艺参数，优化工艺方案，预测加工过程中可能产生的缺陷，控制和保证加工工件的质量。比如，铸造凝固过程的三维数值模拟，锻压过程微观组织的演化及热塑性本构关系模拟，焊接凝固裂纹的模拟仿真，开裂机制的研究，以及焊接氢致裂纹的模拟等。

（5）成形加工生产向清洁生产方向发展

精密成形清洁生产技术的主要意义在于高效利用原材料，避免造成环境污染，以最小的环境代价和能源消耗，获取最大的经济效益和社会效益，符合持续发展与生态平衡的要求。实现清洁生产的主要途径有：

① 采用清洁能源，如用电加热代替燃煤加热锻坯，用电熔化代替焦炭冲天炉熔化。

② 采用清洁的环境（工艺）材料。环境材料是指资源和能源消耗小、生态环境影响小，以及再生循环利用率高或可降解使用的具有优异应用性能的新型材料。

③ 研发新的工艺方法，如采用绿色集约化铸造等。

1.2.2.5 "材料成形工艺基础"课程的性质、内容、目标和学习要求

课程性质：机械类专业必修的一门综合性的技术基础课。

课程内容：主要涉及机械制造过程中工程材料的基本成形工艺，包括金属材料的液态成形、塑性成形、连接成形和塑料、橡胶、陶瓷、复合材料的成形以及增材制造等有关材料成形的先进技术及其发展趋势等。

课程目标：通过本课程的学习，期望学生能初步掌握各种材料成形工艺的基本原理和工艺方法，并具有一定的综合分析和处理材料成形实际问题的能力，根据毛坯或制品正确选择成形方法和制定工艺及参数的初步能力，综合运用工艺知识分析零件结构工艺性的初步能力，了解有关新材料、新工艺、新技术及其发展趋势。从而为学习后续其他有关课程及今后从事机械设计与制造方面的工作奠定必要的技术基础。

学习要求：鉴于本课程具有的内容上的广泛性、高度的综合性和极强的实践性特点，学习中要注意调整和改进学习方法，注重主动学习和自主学习，自觉培养独立分析问题与解决问题的能力，在掌握基本理论的前提下，加强实践训练，进而加深对所学知识的理解和掌握，提高对所学知识的运用能力，使所学知识得到巩固与提高。

1.3 典型习题例解

【例 1-1】 什么是材料成形和材料的工艺性？试述工业中常用的材料成形技术及其原理和应用场合。

分析：题目是对材料成形的定义、分类、原理、工艺特点和应用等方面提出的问题。

解题/答案要点：通过一定的方法或方式，把原材料由初始状态转变成所需制品的制造加工过程称为材料成形，对应的技术或工艺称为材料成形技术或工艺。材料对某种制造加工工艺的适应能力称为材料的工艺性。

常用的材料成形技术及其原理和应用场合如下：

① 金属液态成形技术，是指在重力场或其他外力场作用下将融熔金属或合金浇入铸型，冷却并凝固后获得具有一定形状、尺寸和性能的铸件的工艺方法，一般用于材质为金属材料（尤其是脆性材料）的各类零件（尤其是内腔复杂的零件）的毛坯生产；

② 金属塑性成形技术，是利用金属材料所具有的塑性变形能力，在外力的作用下使金属材料产生预期的塑性变形来获得具有一定形状、尺寸和力学性能的零件或毛坯的加工方法，一般用于材质主要是韧度金属材料的无内腔或内腔简单的毛坯或半成品或零件的生产；

③ 金属连接成形技术，是将两个或两个以上的金属构件组合起来成为整体的成形工艺方法，一般用于各类材质为韧度金属材料的构件连接；

④ 粉末压制（粉末冶金）技术，制取金属粉末或用金属粉末（或金属粉末与非金属粉末的混合物）作为原料，经过成形和烧结制造金属材料、复合材料以及各种类型制品的工艺方法，一般用于原材料为颗粒状的各类零件或半成品的生产；

⑤ 高分子材料（聚合物）成形技术，是将聚合物及所需助剂转变为实用材料式制品的工艺方法，一般用于各类塑料或橡胶制品的生产。

1.4　本章自测题

1. 是非题

（1）铸造生产特别适合制造受力较大或受力复杂的零件毛坯。（　　　）

（2）锻压可用于生产形状复杂尤其是内腔复杂的零件毛坯。（　　　）

（3）焊接是零件永久连接的工艺方法之一。（　　　）

（4）各种成形技术所生产的产品都需进行外观和内部品质检验。（　　　）

（5）同样材料的锻件力学性能一般优于铸件。（　　　）

2. 简答题

（1）零件与毛坯的区别是什么？毛坯的种类主要有哪几类？

（2）铸造、锻压、焊接、粉末冶金等成形技术所生产的制品或产品，大多数都不能用于装配或直接使用，为什么？

（3）查阅资料，了解越王勾践剑、秦始皇陵铜车马和后母戊鼎所采用的主要成形工艺方法以及经济、环境、文化等其他非技术因素。

第 **2** 章 金属液态成形工艺

2.1 学习内容与学习要求

2.1.1 学习内容

液态金属的充型能力及其影响因素，金属的凝固与收缩，液态成形件的缺陷及防止方法，液态成形件的质量与控制；常用液态成形合金及其熔炼；液态金属的成形工艺与方法；液态成形金属件的结构与工艺设计；液态成形技术的新进展简介。

2.1.2 学习要求

① 了解液态金属充型能力的含义及其影响因素。

② 了解铸件的凝固方式和合金的收缩过程。

③ 熟悉常见的液态成形件的缺陷，能初步分析常见缺陷的产生原因、特征及相应的防止措施。

④ 了解液态成形件质量控制的一般思路和方法。

⑤ 了解常见液态成形合金的熔铸特点。

⑥ 了解常见的液态金属成形方法，能分析比较各种成形方法的特点和应用，对一些典型零件能较为合理地选用成形方法。

⑦ 初步掌握砂型铸造浇注位置、分型面及工艺参数的选择，能绘制典型铸件的铸造工艺简图。

⑧ 根据合金铸造性能、铸造工艺及铸造方法，能分析铸件的结构工艺性。

⑨ 了解液态成形技术新工艺、新技术及其发展趋势。

⑩ 了解中国古代液态成形技术发展史，激发中华民族自豪感。

2.2 重难点分析及学习指导

2.2.1 重难点分析

金属液态成形（铸造）在机械制造业中占有重要的地位，它是制造毛坯、零件的重要方法之一。其具有如下特点：

① 能够成形形状复杂尤其是具有复杂内腔的毛坯。

② 适应性广，几乎不受尺寸、重量、生产类型、合金材料等的限制。

③ 成形成本低廉，原材料来源广泛且价格低廉，成形中一般不需要昂贵设备。

④ 液态成形金属件和零件尺寸形状相近，便于切削加工等。

对于任何一种成形工艺来说，讨论的重点都不外乎常见的成形材料、成形方法及成形工艺设计这三个方面。

本章学习的重点：

① 液态金属充型能力的含义及其影响因素。

② 常见缺陷的产生原因、特征及相应的防止措施。

③ 能够较为合理地选择典型零件的液态成形方法。

④ 浇注位置及分型面的选择原则和方法。

⑤ 铸件结构设计及其工艺性分析。

本章学习的难点：热应力形成过程及变形规律、液态成形方法的选择、浇注位置及分型面的选择、铸件结构设计等。

2.2.2 学习指导

2.2.2.1 液态金属的充型能力

液态金属充满铸型型腔，获得尺寸精确、轮廓清晰的成形件的能力，称为液态金属的充型能力。液态金属的充型能力取决于熔融金属的流动能力，显然熔融金属的流动能力越强，其充型能力也就越好。影响液态金属充型能力的因素有金属本身的流动性和工艺因素两个方面。金属本身的流动性对充型能力的影响比较直观，也容易理解，但是铸造工艺因素对充型能力的影响涉及许多方面，很多同学感到较为杂乱，因此会顾此失彼，最终将其归为不容易记忆。其实，在学习工科课程中最为忌讳的是死记硬背，在学习这部分内容时也同样如此，应重在分析理解上。

前面提到金属本身的流动性对充型能力的影响比较直观，那么工艺因素对充型能力的影响也可以联系金属本身的流动性来理解，应用"特征分析法"进行分析。液态金属的充型能力实质上是熔融金属的流动能力，熔融金属的流动能力一般表现为熔融金属在型腔中保持液态的时间长短以及流动的阻力大小。金属本身的流动性好，可以理解为金属能够保持液态的停留时间长，且流动的阻力小，由此就可以得出这样一个结论：凡是有利于延长金属液态的停留时间和减小金属流动的阻力的因素，都会提高液态金属充型能力。把握住这一特征，同时联系铸造工艺因素，即浇注条件、铸型条件以及铸件结构三个方面，逐一分析，液态金属充型能力的影响因素就显而易见了。

下面用"特征分析法"分析一下铸件结构对液态金属充型能力的影响：铸件结构复杂程度越小→流动阻力越小→充型能力越强；铸件折算厚度越大→液态停留时间越长→充型能力越强。

2.2.2.2　铸件缺陷的分析及防止

金属液态成形过程比较复杂，一些工艺过程难以控制，易产生各种缺陷，产品质量不够稳定，因此对铸件缺陷进行分析，并根据分析提出相应的工艺措施，对于提高铸件质量，减少废品有着重要意义。同时，铸件缺陷分析后提出相应改进的工艺措施也是本章学习的重点内容之一。

常见的铸件缺陷一般可分为孔洞类缺陷、裂纹类缺陷、表面缺陷、夹杂类缺陷、形状类缺陷和性能成分组织类缺陷等，引起这些缺陷的原因主要有充型能力不足、合金的收缩、铸造工艺设计不合理以及工艺实施不当等。对铸件的缺陷要着重掌握缩孔和缩松、变形和裂纹这四种。引起这四种缺陷的主要原因是合金的收缩，其中缩孔和缩松是在液态收缩和凝固收缩阶段得不到及时补缩形成的，变形和裂纹则是因为产生了铸造应力而形成的。铸造应力一般包括热应力和机械应力，其中由于铸件收缩受到机械阻碍产生的机械应力会随着机械阻碍的去除（落砂）自行消除。但在机械阻碍去除之前，机械应力和热应力会共同作用，增大铸件产生变形和裂纹的倾向。因此，防止缩孔和缩松应该从补缩切入，如选择合适的铸造合金、优化铸件结构减少热节、合理控制工艺参数（浇注温度等）等；防止变形和裂纹则应该从减小铸造应力入手，如合理设计铸件结构（对称、减小壁厚差）、采用反变形等。同时，在学习过程中深入理解合金的收缩，尤其是铸造热应力的产生及变形规律，对掌握这部分内容有很大帮助。

2.2.2.3　热应力的形成过程及变形规律

铸造热应力的产生规律一般可以论述为：厚大部分受拉，薄壁部分受压。下面对这部分内容进行进一步说明。

如图 2-1(b) 所示的 T 形梁铸件，它是由杆Ⅰ和杆Ⅱ组成的整体。杆Ⅰ为厚壁截面，冷凝慢；杆Ⅱ为薄壁截面，冷凝快，但杆Ⅰ和杆Ⅱ又连成一体，因此收缩时必然相互制约而产生阻碍。图 2-1(a) 为 T 形梁铸件杆Ⅰ和杆Ⅱ的冷却曲线。图中 t_K 为所用合金的弹-塑性转变温度。其热应力形成过程如下。

第一阶段：如图 2-1(c) 所示，当合金冷却到时间 τ_1 以前，杆Ⅰ和杆Ⅱ都处于塑性状态。若两杆分别自由收缩，则杆Ⅰ应该收缩到 L_1'，杆Ⅱ应该收缩到 L_1''。但由于两杆连在一起，彼此受到约束，只能有一个共同长度 L_1。因此，杆Ⅰ被塑性压缩 l_1'，杆Ⅱ被塑性拉伸 l_1''。由于处于塑性状态，故变形后铸件内没

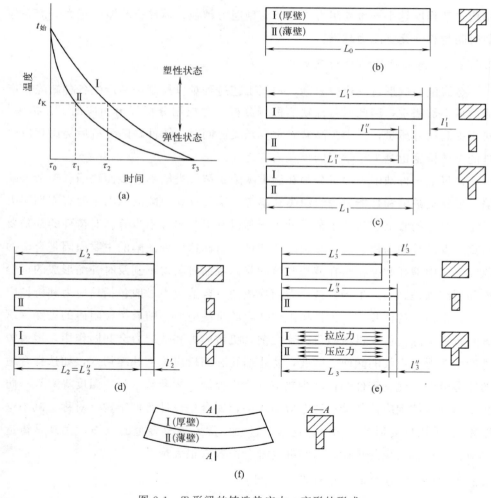

图 2-1　T 形梁的铸造热应力、变形的形成

有应力。

第二阶段：如图 2-1(d) 所示，当合金冷却到时间 τ_1 与 τ_2 之间时，杆 I 处于塑性状态，杆 II 已冷却到 t_K 温度之下，处于弹性状态。由于弹性杆的变形要比塑性杆困难得多，因此整个铸件的收缩由弹性杆（杆 II）确定，使杆 I 继续产生塑性压缩 l_2'；又因杆 I 仍处于塑性状态，所以变形后应力消失。τ_2 时整个铸件的长度为 L_2（也就是杆 II 的长度 L_2''）。

第三阶段：如图 2-1(e) 所示，当合金冷却超过时间 τ_2 时，杆 I 和杆 II 均冷却到 t_K 温度之下，处于弹性状态。此时两杆长度相同（L_3），但温度不同，杆 I 高于杆 II。若两杆均能自由收缩，冷却至室温则杆 I 应该收缩到 L_3'，杆 II 应该收缩到 L_3''。显然杆 I 的收缩量大于杆 II，即 $L_3' < L_3''$。但实际两杆连在一起，彼此受到约束，只能有一个共同长度 L_3。由于杆 I 的收缩受到了杆 II 的约束而在其内部产生了拉应力，因此其被弹性拉伸 l_3'；杆 II 则由于杆 I 的收缩而产生了压应力，被弹性压缩 l_3''。最终整个铸件以 L_3 的长度处于暂时平衡状态。

这种暂时平衡状态最终会随着内应力的释放产生一定的塑性变形，达到平衡状态。其变形的方向是，受拉应力的部分产生收缩，受压应力的部分产生拉伸，从而形成上翘变形，如图 2-1(f) 所示。这时又会产生疑问"为什么受拉应力的部分产生收缩，受压应力的部分产生拉伸？"可以这样理解：在图 2-1(e) 所示的两杆等长状态下分析，把厚壁和薄壁想象成两根约束在一起的弹簧，厚壁此时的长度是被拉伸后的，进一步收缩是释放拉应力的需求；薄壁此时的长度是被压缩后的，进一步伸长是释放压应力的需求。图 2-1(f) 的上翘变形正是这两种方向相反需求的共同结果。

此外，还可以将热应力产生规律作一延拓：热量集中部分受拉，热量分散部分受压。那么对于产生热应力的其他场合就可以利用这一规律进行分析了。如焊接热应力，近焊缝处热量集中受拉，远离焊缝处热量分散受压。

2.2.2.4 顺序凝固与同时凝固原则

铸件质量受工艺因素影响很大，若要获得高质量的铸件，就要合理地控制相关的工艺条件。为了减少铸件缺陷，提高铸件质量，工艺上常采用控制凝固原则。常见的凝固原则主要是顺序凝固和同时凝固，这两者是比较容易混淆的，而且它们的选用也有一定的难度。对于这两种凝固原则的掌握、理解与运用，要从其含义、特点与应用范围这几个角度去总结把握，才能最终做到理解深刻，记忆牢固，运用灵活。

顺序凝固也称为定向凝固，是指从工艺上采取各种措施，使铸件从远离冒口或浇口的部分到冒口或浇口之间建立一个逐渐递增的温度梯度，从而使远离冒口的薄的部分先凝固，然后按顺序向着冒口或浇口的方向凝固，以实现铸件厚实部分补缩细薄部分，而冒口又最后补缩厚实部分，从而将缩孔移入冒口中，最终获得致密的铸件。顺序凝固的优点是：冒口的补缩作用好，可防止缩孔和缩松，获得组织致密且无缩孔的铸件。其缺点是：由于铸件各部分温差大，容易产生应力、变形和热裂。由于需要足够大的冒口和必要补贴，会降低工艺出品率，并增加去除冒口和补贴的工作量。凝固收缩比较大、结晶温度范围又较窄的合金铸件多采用顺序凝固方式。

同时凝固是指从工艺上采取各种措施，使铸件各部分之间的温差很小或为零，以达到各部分几乎同时凝固的原则。同时凝固原则的优点是：凝固时期铸件不容易产生热裂，凝固后也不易引起应力、变形；由于不用冒口或冒口很小而节省金属、简化工艺、减少劳动量。其缺点是铸件中心区域往往出现缩松，铸件不致密。同时凝固原则一般在如下情况下选用：共晶成分和近共晶成分的灰铸铁件，结晶温度范围大而对气密性要求不高的铸件，壁厚均匀且不是很厚实的铸件，球墨铸铁件利用石墨化膨胀实现自补缩。

对于某一具体铸件，要根据合金的特点、铸件的结构及其技术要求，以及可能出现的其他缺陷，如应力、变形、裂纹等综合考虑，找出主要矛盾，合理地确定采用哪种凝固原则。实际上，一般不能简单地采用一种凝固方式，往往是将两者有机结合，即采用复合凝固方式，如从整体上是同时凝固，但为了个别部位的补缩，铸件局部是顺序凝固，或者相反。

2.2.2.5 典型零件液态成形方法的选择

液态成形（铸造成形）方法一般可以分为两大类，即砂型铸造和特种铸造。各种铸造成形均有其优缺点和适应范围，如表 2-1 所示。

表 2-1　几种铸造方法的比较

项目	砂型铸造	熔模铸造	金属型铸造	压力铸造	低压铸造	离心铸造
适用金属	不限制	不限制，以铸钢为主	非铁金属	非铁金属	非铁金属为主	铸铁、铸钢、铜合金
铸件大小	不限制	几十克到几十千克的复杂件	中、小铸件	几十克到几千克的中小件	中小铸件为主，有时达数百千克	零点几千克到十几吨的铸件
批量	不限制	成批、大量为主，也可小批	大批、大量	大批、大量	大批、大量	大批、大量
铸件尺寸公差	DCTG11～14	DCTG4～7	DCTG6～9	DCTG4～8	DCTG6～9	取决于铸型材料

项目	砂型铸造	熔模铸造	金属型铸造	压力铸造	低压铸造	离心铸造
表面粗糙度 $Ra/\mu m$	50～12.5	12.5～1.6	12.5～6.3	6.3～1.6	12.5～3.2	取决于铸型材料
铸件内部质量	粗晶粒	粗晶粒	细晶粒	特细晶粒	细晶粒	细晶粒
铸件加工余量	最大	小或不加工	较小	小或不加工	较小	外表面较小、内表面大
生产率	低、中	低、中	中、高	最高	中	中、高
铸件最小壁厚/mm	铸铁3～4	0.5～0.7 孔 $\phi0.5～2.0$	铸铝3 铸铁5	铝合金0.5 锌合金0.3 铜合金2	2	最小内径8

尽管砂型铸造有着许多缺点，如精度不高、表面质量较差等，但其适应性最强且价格低廉；而特种铸造仅在相应条件下，才能显示出其优越性。因此，选择铸造成形方法时首先应考虑选择砂型铸造。

其次综合考虑下面的选择依据。

① 合金种类。铸造方法适用合金种类，主要取决于铸型的耐热状况。其中砂型铸造所用的型砂耐火度可达 1700℃，因此砂型铸造可用于铸钢、铸铁、非铁金属等多种材料；熔模铸造的型壳耐火度更高，还可以用于合金铸钢件；金属型铸造、压力铸造等一般采用金属制作铸型，因此一般只用于非铁金属铸件。

② 铸件的形状特征。砂型铸造可以生产复杂形状的铸件，尤其是具有复杂内腔的零件；熔模铸件的外形在一定程度上可以比砂型铸造更加复杂，但不适合具有内腔零件的生产；金属型铸造、压力铸造等一般采用金属制作铸型，复杂铸型制作比较困难，且不利于抽芯和取件，因此金属型铸件、压力铸件一般不宜太复杂。

③ 铸件的大小方面。一般砂型铸造对铸件大小的限制较小，可适合小、中、大件；熔模铸造由于难以用蜡料制出较大模样及受型壳强度和刚度限制，一般只适宜生产小型铸件；金属型铸造、压力铸造等，由于制造大型金属铸型较困难，一般用于中、小型铸件的生产。

④ 铸件的精度。砂型铸造较低，特种铸造均高于砂型铸造。其中压力铸造的尺寸精度和表面质量可以达到很高，为 DCTG8～DCTG4、$Ra6.3～1.6\mu m$，不需要进行切削加工就可以直接使用。

针对某一具体零件选择其液态成形方法，可按照"条件筛选法"和"特征分析法"进行。所谓条件筛选法，就是分析零件的特征（已知条件），从铸造方法中依次选择，直到全部满足已知条件为止。所谓特征分析法，就是先找出已知条件中的性能特征（关键条件），再以关键条件为主，适当考虑其他条件进行选择。如摩托车的气缸体，合金种类多使用铝合金，形状复杂且有复杂内腔，中等铸件，精度要求一般，若按照"条件筛选法"选择时，在众多的铸造方法中选择低压铸造较为合适；再如大直径污水管，其突出特点为属于中空圆柱体零件，按照特征分析法进行选择，可直接选用离心铸造。

2.2.2.6　浇注位置及分型面的选择

浇注位置是指浇注时铸件在铸型中所处的空间位置，具体指铸件上的某个表面是位于铸型的上表面、侧面，还是下面，要和浇口位置区分开来。确定浇注位置的"三下一上"原则，主要是着眼于如何保证铸件的质量。例如使薄壁部分位于铸型中的下部，以利于合金液充型；厚大部分朝上，以利于合金液补缩；将铸件上的重要表面放置于铸型下面或侧面，以获得无气孔、渣孔等缺陷的光洁表面。但是，需注意有时铸件上的重要面不一定是加工面，如要求良好外观的铸件，就应将其不加工面朝下。

分型面指的是铸型组元的结合面。分型面的位置应保证模型能顺利从铸型中取出，这是确定分型面的基本要求，为此分型面应选在铸件的最大截面处。除此之外，选定分型面的形状和位置还应考虑保证铸件的尺寸精度、减少分型面数量、平面分型、使砂芯位于下箱等。可见分型面的选择主要考虑简化造型，兼顾铸型质量。

浇注位置和分型面的选择涉及许多工程背景知识，由于对工程背景知识的欠缺，大多数学生感觉浇注位置和分型面的选择比较难。建议在学习这部分内容时要尽可能地联系实践，同时对某一具体问题要注意特别条件，特别条件往往就是工程上主要关心的问题，抓住这些信息可以弥补工程背景知识的欠缺，做到有的放矢。如图2-2所示水管堵头的浇注位置和分型面的选择，在图中给出了"加工基准面"和"主要加工面"。主要加工面朝下放置没有任何异议，但考虑"加工基准面——堵头方台的四个侧面"和"主要加工面——外圆螺纹面"在同一砂箱之中，以减少错箱，保证加工面和基准面直接的相互位置精度，满足铸件质量要求，因此方案2比方案1好。

2.2.2.7　铸件的结构工艺性

铸件结构指的是铸件的外形、内腔、壁厚、壁与壁之间的连接形式、加强

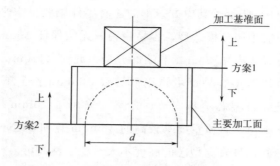

图 2-2 水管堵头的浇注位置和分型面的选择

筋、凸台等。铸件结构工艺性就是指上述铸件结构的设计应满足铸造工艺、合金的铸造性能以及铸造方法等方面的要求。具体要求是所设计的零件能方便造型、有利于保证质量、满足铸造方法的特殊要求。结构工艺性好的铸件，容易制造，能保质、保量、低成本地得到优质铸件。因此，对于铸件结构而言，要把使用性能和铸造工艺性能辩证统一起来，不仅应满足使用要求，而且要便于铸造成形。所以在分析铸件结构工艺性和设计铸件结构时，要注重融入铸造工艺来指导铸件结构设计与优化。

2.3 典型习题例解

【例 2-1】 试选择如图 2-3（a）所示的连接盘，小批量生产时所采用的浇注位置和分型面。

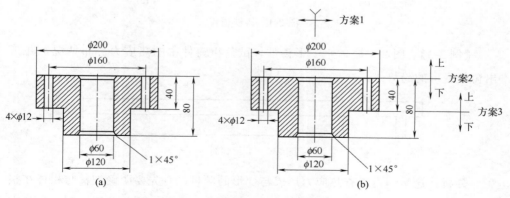

图 2-3 连接盘零件简图和分型方案

分析： 根据连接盘的使用功能，可知连接盘零件上的 $\phi60$mm 孔和 $\phi120$mm端面质量要求较高，按照分型面基本要求，选在最大截面上，该零件可有三种分型方案,如图 2-3(b) 所示。其中方案 1 浇注时零件轴线呈水平分型,双点支撑型芯稳定性好,但需采用分模造型,容易错箱,无法保证 $\phi 60mm$ 孔和 $\phi 120mm$ 端面质量要求;方案 3 沿 $\phi 200mm$ 下端面分型,此时 $\phi 120mm$ 端面朝下,可以保证其质量,但分模造型容易产生错箱而导致 $\phi 60mm$ 孔上下不同轴,$\phi 60mm$ 孔的质量无法保证,且型芯不易安放;方案 2 采用 $\phi 120mm$ 端面作为分型面,此时铸件全部处于下箱,且质量要求较高的 $\phi 60mm$ 孔和 $\phi 120mm$ 端面处于侧面或下面,铸件质量好,且直立型芯的高度不大,稳定性尚可。

解题/答案要点: 综合分析宜选择方案 2。

【例 2-2】 某厂铸造一个 $\phi 1500mm$ 的铸铁顶盖,有如图 2-4 所示的两种设计方案,试分析哪种方案易于生产?并简述理由。

分析: 这是一道考查铸件结构设计的题目。表面上看,似乎图 2-4(b) 的结构更加合理。但仔细分析,铸铁顶盖尺寸很大,壁厚较薄,属于大平面结构。对于铸件上的大水平面,极易产生浇不足的缺陷;同时平面型腔的上表面容易产生夹砂,也不利于气体和非金属夹杂物的排除。此外,图 2-4(a) 的方案,除避免了上述不利因素外,还因为具有一定的结构斜度,有利于造型。

解题/答案要点: 图 2-4(a) 的方案更为合理。理由参看分析。

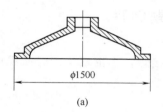 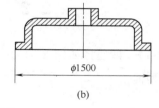

(a)   (b)

图 2-4 铸铁顶盖

【例 2-3】 图 2-5 是一种 T 形铸件,试分析铸件中的热应力分布情况,并指出铸件变形的趋势。

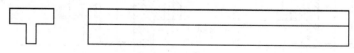

图 2-5 T 形铸件

分析: 这是一道考查热应力形成与变形的题目。首先要明确细杆与粗杆在整个冷却过程中冷却速度的差异,冷却速度不同使其在同一冷却范围内所处的状态和自由收缩量不同,由于两杆的相互限制,会使它们的内部产生热应力,而且受力性质不同。通常,厚大部分受拉,薄壁部分受压,而且受拉应力的部分相对较短，受压应力的部分相对较长，因此产生下凹变形。

解题/答案要点： T 形铸件冷却到室温后，粗杆内产生拉应力，细杆内产生压应力。热应力引起 T 形铸件产生如图 2-6 所示的变形趋势。

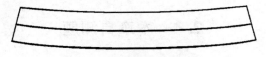

图 2-6　铸件变形趋势示意图

【例 2-4】 尺寸为 800mm×800mm×30mm 的铸造平板采用砂型铸造，铸后立即安排机械加工，但使用了一段时间后出现翘曲变形。请问：

① 该铸件壁厚均匀，为什么会发生变形？分析原因。

② 如何改进平板结构设计，防止铸件变形？

分析： 这是一道综合考查铸造应力及结构工艺性的题目。

解题/答案要点：

① 产生变形的主要原因在于铸后立即安排机械加工。因为铸后平板上下表面受压、心部受拉，机加工时上表面受压层被去除，应力平衡被破坏，故产生翘曲变形。

② 在中心处开设工艺孔或增加加强筋，铸后安排时效处理等去应力措施后，再安排机械加工。

【例 2-5】 如果用现代工艺"复制"国宝级青铜器四羊方尊，将采用怎样的铸造工艺？并体会其中的"传承与创新"。

分析： "传承"——国宝的传统铸造方法；"创新"——国宝的复制方法。

解题/答案要点： 四羊方尊是中国现存商代青铜方尊中最大的一件，长颈、高圈足，颈部高耸，四边上装饰有蕉叶纹、三角夔纹和兽面纹，尊四角各塑一羊，羊头与羊颈伸出于器外，羊身与羊腿附着于尊腹部及圈足上。同时，方尊肩饰高浮雕蛇身而有爪的龙纹，尊四面正中各一双角龙首探出器表，从方尊每边右肩蜿蜒于前居的中间。据考古学者分析，四羊方尊是用两次分铸技术铸造的，即先将羊角与龙头单个铸好，然后将其分别配置在外范内，再进行整体浇铸。整个器物用块范法浇铸，一气呵成，显示了高超的铸造水平。

如果用现代工艺"复制"四羊方尊，方法较多，如砂型铸造、熔模铸造、低压铸造、陶瓷型铸造、消失模铸造等皆可完成四羊方尊的铸造。其中熔模铸造的精度和表面质量较高。另外，可以将 3D 打印技术与铸造工艺结合，打印消失模铸造的消失模、熔模铸造的蜡模；也可用 3D 打印技术直接打印出四羊方尊。众多的现代铸造工艺不仅能够完成四羊方尊的复制，而且还能够批量生产，良品率更高。这正是在我国古代铸造技术传承基础上的进一步创新，也是本课程"传承中创新"课程思政主题的一种体现。

2.4 本章自测题

1. 是非题

（1）当过热度相同时，亚共晶铸铁的流动性随着含碳量的增加而提高。（　　）

（2）合金收缩经历三个阶段，其中液态收缩和固态收缩是产生缩孔和缩松的基本原因。（　　）

（3）为防止铸件产生裂纹，在设计零件时力求壁厚均匀。（　　）

（4）球墨铸铁含碳量接近共晶成分，因此一般不需要设置冒口和冷铁。（　　）

（5）选择分型面的第一条原则是保证能够起模。（　　）

（6）起模斜度是为便于起模而设置的，并非零件结构所需要。（　　）

（7）熔模铸造和压力铸造均可铸出形状复杂的薄壁铸件，是因为保持了一定工作温度的铸型提高了合金充型能力。（　　）

（8）采用型芯可获得铸件内腔，不论是砂型铸造还是金属型铸造、离心铸造均需要使用型芯。（　　）

（9）为便于造型，设计零件时应在垂直于分型面的非加工表面上给出结构斜度。（　　）

（10）铸造圆角主要是为了减少热节和应力集中等，同时还有美观的作用。（　　）

2. 选择题

（1）合金的铸造性能主要包括（　　）。

  A. 充型能力和流动性   B. 充型能力和收缩

  C. 流动性和缩孔倾向   D. 充型能力和变形倾向

（2）消除铸件中残余应力的方法是（　　）。

  A. 同时凝固   B. 减缓冷却速度

  C. 时效处理   D. 及时落砂

（3）下面合金形成缩松倾向最大的是（　　）。

      A. 纯金属   B. 共晶成分的合金

      C. 近共晶成分的合金   D. 远离共晶成分的合金

（4）为保证铸件质量，顺序凝固常用于（   ）铸件生产中。

      A. 缩孔倾向大的合金   B. 吸气倾向大的合金

      C. 流动性较差的合金   D. 裂纹倾向大的合金

（5）灰口铸铁、可锻铸铁和球墨铸铁在机械性能上有较大差别，主要是因为它们（   ）不同。

      A. 基体组织   B. 碳的存在形式

      C. 石墨形态   D. 铸造性能

（6）如图 2-7 所示，大平面铸件的 4 种分型面和浇注位置方案中，（   ）最合理。

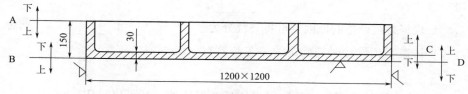

图 2-7   大平面铸件的 4 种分型方案

（7）生产上，为了获得珠光体灰铸铁件，常采用的方法是（   ）。

      A. 孕育处理   B. 增大原铁水中的硅含量

      C. 适当降低冷却速度   D. 热处理

（8）用同一化学成分的合金浇注同一形状和尺寸的铸件，若砂型铸件的强度为 $R_砂$，金属型铸件的强度为 $R_金$，压力铸件的强度为 $R_压$，则有（   ）。

      A. $R_砂 = R_金 = R_压$ B. $R_砂 > R_金 > R_压$

      C. $R_砂 < R_金 < R_压$ D. $R_砂 < R_金 > R_压$

（9）下面（   ）因素不会影响砂型铸件加工余量的选择。

      A. 合金种类   B. 造型方法   C. 铸件尺寸   D. 生产批量

（10）形状复杂零件的毛坯，尤其是具有复杂内腔时，最适合采用（   ）生产。

      A. 铸造   B. 锻造   C. 焊接   D. 热压

3. 填空题

（1）合金的流动性常采用浇注 _____ 试样的方法来衡量，

流动性不好的合金容易产生_____、_____、气孔、夹渣等缺陷。

（2）凝固温度范围窄的合金，倾向于_____凝固，容易产生缩孔的缺陷；凝固温度范围宽的合金，倾向于_____凝固，容易产生缩松的缺陷。

（3）铸件在冷却收缩过程，因壁厚不均匀而引起的应力称作_____应力，铸件收缩受到铸型、型芯、浇注系统等的限制而产生的应力称作_____应力。

（4）砂型铸造的造型方法一般分为_____两类。

（5）浇注系统是为填充型腔和冒口而开设于铸型中的一系列通道，通常由浇口杯、直浇道、_____、_____四部分组成。

（6）固态收缩指的是_____收缩，常用_____来表示。

（7）热节指的是_____，判断热节常用的方法有_____和_____。

（8）根据裂纹产生的原因，可将裂纹分为_____和_____两种。

（9）铸造工艺设计时需确定的工艺参数有（至少列出三个）_____
_____。

（10）防止铸件变形的措施除可采用反变形法外，还可以采用_____、
_____。

4. 简答题

（1）何谓"合金的充型能力"？影响合金充型能力的因素有哪些？

（2）分析图 2-8 所示铸件的结构工艺性，若不合理请改进。

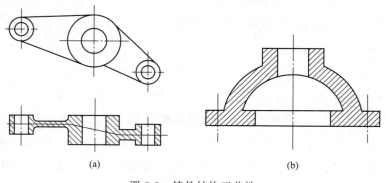

(a)   (b)

图 2-8　铸件结构工艺性

（3）试选择下列零件的铸造方法：缝纫机头、汽轮机叶片、水暖气片、汽车喇叭。

（4）简述铸造热应力的形成过程。

第3章 金属塑性成形工艺

3.1 学习内容与学习要求

3.1.1 学习内容

金属的塑性成形工艺基础；自由锻、模锻、胎模锻、冲压等金属塑性成形方法；自由锻件的工艺设计，模锻件的工艺设计，板料冲压件的工艺设计；金属塑性成形技术最新进展简介。

3.1.2 学习要求

① 熟悉金属的锻造性能及其影响因素。

② 了解金属塑性成形基本方法、特点、工艺过程及相关设备。

③ 初步掌握自由锻和模锻的基本工序，能绘制简单的锻件工艺图。

④ 初步掌握典型模锻件的模锻过程及工艺规程，能绘制简单的锻件图。

⑤ 熟悉板料冲压的特点、基本工序及应用。

⑥ 初步掌握分析中小型零件锻造和冲压结构工艺性的能力，以及合理选用锻造方法的能力。

⑦ 了解精密锻造、零件轧制和精密冲压等加工方法。

⑧ 了解锻压新工艺、新技术及其发展趋势。

⑨ 了解中国古代金属塑性成形技术发展史。

3.2 重难点分析及学习指导

3.2.1 重难点分析

金属塑性成形在机械制造业中占有重要的地位，是制造承载零件毛坯的重要方法之一。金属塑性成形件具有如下特点：

① 力学性能高。金属铸锭经塑性变形能使组织致密，获得细晶粒结构，并能压合铸造组织的内部缺陷，因而，锻压件相对于同材料的铸件而言力学性能高。

② 节省材料。由于提高了金属的力学性能，材料单位利用率提高，且相对于切削加工金属消耗小。

③ 生产率高。如轧制、模锻、冲压等。

④ 板料冲压特别适合板料件成形，一般可直接获得合格零件或产品等。因此，对于承载零件的毛坯一般多采用锻件，而对于板料成形，冲压工艺又特别适用。所以金属塑性成形，尤其是锻压成形在工业生产中占有重要地位。

对于金属塑性成形工艺而言，和金属液态成形一样，讨论的重点不外乎常见材料的成形性能、成形方法及成形工艺设计这三个方面。

本章学习的重点：

① 金属锻造性的含义及其影响因素。

② 自由锻的特点和应用范围，工艺过程，结构工艺性，锻件图及工艺设计。

③ 模锻的特点、方法和应用范围，锤上模锻工艺过程，结构工艺性，模锻件图及工艺设计。

④ 板料冲压的特点和应用范围，基本工序的变形特点和用途，结构工艺性。

本章学习的难点：模锻方法的选择，自由锻件和模锻件锻造工序的制定与结构工艺性。

3.2.2 学习指导

本章全面介绍了锻压工艺和设备的基本知识。在学习中，应紧紧围绕本章的学习要求，把握主要内容，并应注重这些知识的综合应用。对于次要内容，如设备结构等知识，仅需做概括性的了解即可。为了学好本章内容，一方面要联系金工实习中获得的感性知识，另一方面要结合"机械工程材料"中的金属塑性变形原理来理解锻压工艺过程涉及的相关知识。

本章内容本身并没有太难理解的知识点。在学习过程中，只要注重梳理相关知识，并进行归纳总结，达到学习要求应该不成太大问题。难在结合具体情况，对上述知识的综合应用。下面首先重点介绍本章的一些基础知识，然后围绕模锻方法的选择及锻压内应力两个内容阐释其运用。

3.2.2.1 金属锻造性能

金属的锻造性能是指金属锻造成形的难易程度，常用塑性和变形抗力两个指标来衡量。塑性越好，变形抗力越小，则金属的锻造性能越好。锻造性能是金属材料重要的工艺性能，其好坏关系到锻件的质量。影响锻造性能的主要因素是金属的本质（化学成分、组织结构）和变形条件（变形温度、变形速度、应力状态等）。

3.2.2.2 锻造工序的制定

自由锻件与模锻件的生产需要综合地利用相应的各种锻造工序，制定正确的工序顺序。锻件要采用什么工序，选择怎样的顺序，需要根据锻件的形状、尺寸和重量以及所采用的坯料等来决定。一个锻件可能有几种不同的锻造工艺过程，但要基于具体生产实际，选择最合理的一种工艺过程，从而保证较高的锻件质量、高的生产率、简单安全的操作、低的能耗和成本等。

3.2.2.3 锻件结构工艺性

锻件结构工艺性主要是考虑什么样的结构容易优质高产地锻造出来。通常，锻造方法不同，对零件结构工艺性的要求也不同。例如自由锻与模锻对锻件结构工艺性的要求就不同，这与它们的生产特点有关。对于不同锻造方法的锻件结构工艺性可以采用"图表归纳法"进行学习，表 3-1 和表 3-2 分别列出了自由锻件和模锻件的结构工艺性供学习时参考。

表 3-1　自由锻件的结构工艺性

结构工艺性要求	不合理	合理
应避免锥体和斜面结构		

结构工艺性要求	不 合 理	合 理
应避免加强筋、凸台、椭圆形或工字形截面等复杂结构		
应避免圆柱面与圆柱面相交		
应避免横截面尺寸急剧变化和形状复杂，在此情况下可采用组合结构		

表 3-2　模锻件的结构工艺性

结构工艺性要求	不 合 理	合 理
模锻件必须有一个合理的分模面，使模锻件辅料最少，模膛"浅而宽"，有利于坯料充满模膛，也能保证锻件能从锻模中顺利取出来		
应有适当的模锻斜度和截面形状，以便于脱模		

结构工艺性要求	不 合 理	合 理
非加工表面应按模锻圆角来设计,以利于金属充满模膛,便于起模和提高锻模寿命		
应尽量具有简单、平直、对称结构,以利于简化模具的设计与制造		
不宜在锻件上设计出截面间差别过大、薄壁、高筋、凸起等不良结构,以简化模具制造,提高模具寿命		

3.2.2.4 模锻方法的选择

采用不同的模锻设备,就有不同的模锻方法。除锤上模锻外,还有胎模锻、曲柄压力机上模锻、摩擦压力机上模锻、平锻机上模锻等方法。与锤上模锻比较,这些模锻方法都有各自的特点。对于各种模锻方法的特点可以采用"图表归纳法"进行学习,表 3-3 列出了常用模锻方法的特点和应用,供学习时参考。

表 3-3 常用模锻方法的特点和应用

锻造方法		锻造力性质	设备费用	工模具特点	锻件精度	生产率	劳动条件	锻件尺寸形状特征	适用批量
胎模锻		冲击力	较低	模具较简单、模具不固定在锤上	中	中	差	形状较简单的中小件	中、小批量
模锻	锤上	冲击力	较高	整体式模具、无导向及顶出装置	较高	较高	差	各种形状的中小件	大、中批量
	曲柄压力机上	压力	高	装配式模具、有导向及顶出装置	高	高	较好	同上,但不能对杆类件进行拔长和滚挤加工	大批量
	平锻机上	压力	高	装配式模具、由一个凸模与两个凹模组成、有两个分模面	高	高	较好	有头的杆件及有孔件	大批量
	摩擦压力机上	介于冲击力与压力之间	较低	单模膛模具、下模常有顶出装置	高	较高	较好	各种形状的小锻件	中等批量

在现代生产中，同一锻件往往可以采用各种模锻方法来成形。在选择模锻方法时，必须避免盲目追求所谓技术上的"先进性"，应结合具体的生产条件，并要看到生产条件的变化和发展。如胎模锻，它的先进性似乎比其他模锻方法差，但模具简单、制造周期短，且可以充分利用自由锻设备，对于中小批锻件生产，采用胎模锻往往能获得很好的经济效果。

一般选择模锻方法的主要依据是：

① 锻件的年产量。一般说，胎模锻适合中小批生产，摩擦压力机上模锻适合中批生产，锤上、曲柄压力机上和平锻机上模锻适合大批量生产。

② 锻件的形状和尺寸。因锤上、曲柄压力机只能采用具有一个分模面的锻模，故不能锻出通孔锻件，只能锻出带冲孔连皮的各种盘类锻件和长轴类锻件；而平锻模有两个分模面，故平锻机主要用于锻造带杆的局部镦粗和带孔的锻件。

③ 模锻方法选择的根本原则是：在满足获得完整锻件的前提下，取得良好的经济效果。

3.2.2.5 锻压内应力

在锻压加工过程中，金属坯料内总是伴随有内应力的产生。内应力是坯料内一种拉、压应力相互平衡的应力，它既降低金属的可锻性，又是坯料开裂的原因之一。在学习过程中，对各种内应力的概念不能混淆，应区分不同的应力，采取不同的工艺措施来减小其危害。

一般内应力产生的原因主要有：

① 变形前坯料内原有的内应力。例如，在钢锭浇注冷却过程中和在热轧的钢材中都会产生残余内应力。这种内应力可以采用退火消除。

② 坯料在加热过程中，由于加热温度不均匀而产生的热应力。

③ 因变形不均匀而产生的内应力。变形不均匀是难以避免的。如金属镦粗时的变形就是不均匀的。从整体上看，圆柱体金属镦粗后侧面形成鼓肚。这是因为圆柱体的两个端面在变形时分别同上、下砧铁接触，产生了较大的摩擦力阻止金属流动，故属于难变形区；而圆柱体的中间部分没有受到摩擦力的作用，属于易变形区，金属流动快。这样使得在圆柱体的中部外廓部分形成切向拉应力，若该应力过大，就会引起坯料开裂。

3.3　典型习题例解

【例 3-1】　试比较图 3-1(a) 所示齿轮坯锻件的分模方案，并确定最佳分模面。

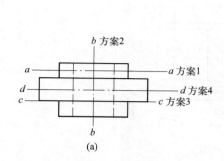

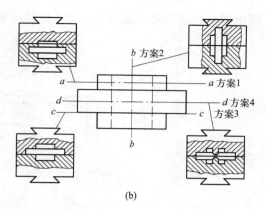

(a)   (b)

图 3-1 齿轮坯锻件分型方案

分析：根据分模面选择原则：

① 要保证模锻件能从模腔中取出；

② 尽可能使沿分模面上、下模的模腔外形一致，以减少错模倾向；

③ "浅而宽"，以方便成形；

④ 应使零件上所加的敷料最小；

⑤ 最好使分模面为一平面。

如图 3-1（b）所示，方案 1 不满足原则①，方案 2 不满足原则③、④，方案 3 不满足原则②，只有方案 4 合理。

解题/答案要点：综合分析宜选择方案 4。

【例 3-2】 如图 3-2 所示的齿轮零件图，年产 10 万件，除注有粗糙度符号表面之外均为不加工表面。采用锤上模锻生产，试改进零件上不合理的结构。

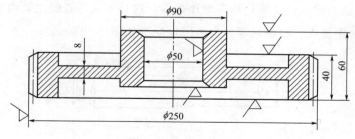

图 3-2 齿轮零件图

分析：这是一道考查锻件结构工艺性的题目。分析该零件，存在以下几个方面的问题：缺少锻造圆角、模锻斜度，且中间的连接壁也仅为 8mm，不易充满模腔。

解题/答案要点：在垂直于分模面的不加工表面直壁处增加模锻斜度，直角部位增加锻造圆角，适当增大中间连接壁的厚度，如图 3-3 所示。

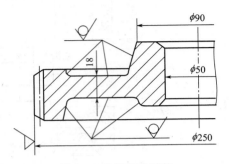

图 3-3　齿轮改进结构

【例 3-3】　定性地画出图 3-4 所示的阶梯轴零件自由锻件图。

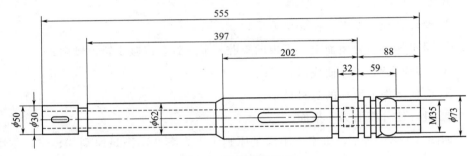

图 3-4　阶梯轴零件图

　　分析：这是一道考查锻造工艺设计过程中绘制锻件图的题目。绘制自由锻件图时，一般要考虑敷料、加工余量和锻件公差。在进行自由锻造工艺设计时，为了简化锻件的形状以便于进行自由锻造而增加的这部分材料，称作敷料。如本题中的键槽、退刀槽、台阶等处均需增加敷料，这是本题考查的主要内容。

　　解题/答案要点：阶梯轴零件自由锻件简图如图 3-5 所示。

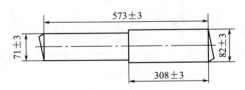

图 3-5　阶梯轴锻件简图

　　【例 3-4】　中国新闻网有一则新闻标题为"中国二重自主研制 8 万吨大型模锻压机　造就国之重器"，试述你对"大型模锻压机被称作国之重器"的理解。

　　解题/答案要点：在航空、航天、航海、国防军工等领域，很多大型模锻件，如发动机叶片、大型轮盘锻件和大型压力容器锻件等，都需要一体化成形。这时候只有大型模锻压机才能对其锻造成形。因而大型模锻压机是航空、航天、航海、国防、电力、石化等行业所需大型模锻件产品的关键装备。

大型模锻压机是指压力 4 万吨级以上的模锻压机。截至目前，全球只有四个国家拥有类似设备，分别是美国、法国、俄罗斯以及中国。其中，俄罗斯生产的模锻压机最大等级为 7.5 万吨，而中国的能达到 8 万吨，这是大型锻件生产能力的代表，也是国家先进制造水平的代表。因此，才有"中国二重自主研制 8 万吨大型模锻压机，造就国之重器"。

3.4　本章自测题

1. 是非题

（1）塑性是金属固有的一种属性，它不随压力加工方式的变化而变化。（　　）

（2）金属的塑性越好，变形抗力越大，锻造性能就越好。（　　）

（3）自由锻是单件小批生产锻件最经济的方法，也是生产重型、大型锻件的唯一方法。（　　）

（4）敷料和加工余量都是在零件图上增加出的部分，但两者作用不同。（　　）

（5）胎模锻最常用的设备是空气锤、摩擦压力机、蒸汽-空气自由锻锤。（　　）

（6）锤上模锻用的终锻模膛和预锻模膛形状相近，但后者有飞边槽。（　　）

（7）模锻深度与宽度比值越大，模锻斜度越大。（　　）

（8）一般情况下落料用的凸模和凹模间隙越小，则落料件精度越高，但模具容易磨损。（　　）

（9）板料弯曲后，两边所夹的角度越小，则说明弯曲部分的变形越严重。（　　）

（10）摩擦压力机适合小型锻件的批量生产。（　　）

2. 选择题

（1）某种合金的塑性较低，但又要用压力加工方法成形。此时，以选用（　　）方法效果最好。

　　A. 轧制　　　　B. 拉拔　　　　C. 挤压　　　　D. 自由锻造

（2）有一批大型锻件，因晶粒粗大，不符合质量要求。经技术人员分析，产生问题的原因是（　　　）。

  A. 始锻温度过高   B. 终锻温度过高

  C. 始锻温度过低   D. 终锻温度过低

（3）用下列方法生产的钢齿轮中，使用寿命最长，强度最好的为（　　　）。

  A. 精密铸造齿轮   B. 利用厚板切削的齿轮

  C. 利用圆钢直接加工的齿轮   D. 锻造齿坯加工的齿轮

（4）镦粗、拔长、冲孔工序属于（　　　）。

  A. 精整工序   B. 基本工序   C. 模锻工序   D. 辅助工序

（5）平锻机上模锻所用的锻模有两个分模面，适合锻造（　　　）。

  A. 连杆类零件   B. 无孔盘类锻件

  C. 带头部杆类锻件   D. 连杆类零件和带头部杆类锻件

（6）锤上模锻时，锻件最终成形是在（　　　）中完成的。

  A. 终锻模膛   B. 滚压模膛   C. 弯曲模膛   D. 预锻模膛

（7）厚度为 1mm、直径为 350mm 的钢板经拉深制成直径为 150mm 的杯形冲压件。由手册中查得材料的极限拉深系数 $m_1 = 0.6$，$m_2 = 0.8$，$m_3 = 0.82$，$m_4 = 0.85$，该件至少要经过（　　　）拉深才能制成。

  A. 一次   B. 二次   C. 三次   D. 四次

（8）设计冲孔凸模时，其凸模刃口尺寸应该是（　　　）。

  A. 冲孔件的尺寸   B. 冲孔件的尺寸＋2 倍单侧间隙

  C. 冲孔件的尺寸－2 倍单侧间隙   D. 冲孔件的尺寸－单侧间隙

（9）带通孔的锻件，模锻时孔内留下的一层金属称为（　　　）。

  A. 毛刺   B. 飞边   C. 敷料   D. 连皮

（10）弯制 V 形件时，模具角度和工作角度相比（　　　）。

  A. 增加一个回弹角   B. 减小一个回弹角

  C. 不需考虑回弹角   D. 减小一个收缩量

3. 填空题

（1）碳素钢在锻造温度范围内锻造性良好的原因是＿＿＿＿＿＿＿＿＿＿。

（2）冷变形和热变形的界限是＿＿＿＿＿＿＿＿＿＿＿＿＿＿＿＿。

（3）压力加工中＿＿＿＿＿＿＿＿＿＿＿＿＿＿＿＿＿等三种常用于原材料生产，而＿＿＿＿＿＿＿＿＿＿＿＿＿＿＿＿＿＿＿＿ 常用于成形件生产。

（4）终锻模膛周围飞边槽的作用是＿＿＿＿＿＿＿＿和＿＿＿＿＿＿＿＿。

（5）模锻件与自由锻件相比主要优点为：①_____；②_____；③_____；④_____。

（6）板料冲压的基本工序有_____和_____。

（7）冲孔和落料的根本区别在于_____。

（8）拉深时用_____来衡量变形程度，该值一般取_____，若太小则可采用_____方法。

（9）常见的胎膜有_____。

（10）常见冲压模一般分为_____、_____、_____三种。

4. 简答题

（1）分析比较加工余量和锻造公差的区别。

（2）如图 3-6 所示的零件，采用自由锻制坯，试改进零件结构的不合理之处。

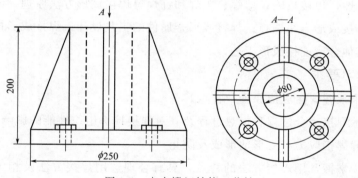

图 3-6　自由锻坯结构工艺性

（3）举例说明锻压生产中如何合理地利用锻造流线。

（4）拉深时为什么会起皱和拉裂？如何避免？

第 **4** 章 金属连接成形工艺

4.1 学习内容与学习要求

4.1.1 学习内容

焊接成形的原理、分类和特点，熔焊接头的组织与性能，焊接应力与变形，金属的焊接性，焊接缺陷；熔焊、压焊和钎焊等焊接成形方法原理、设备、特点及应用，焊接成形方法选择；焊接成形金属件的工艺设计；焊接成形技术最新进展简介；其他金属连接成形工艺。

4.1.2 学习要求

① 初步掌握焊接成形原理及特点。

② 熟悉焊接冶金过程和加热过程及其对焊接接头组织性能的影响。

③ 理解焊接应力与变形的形成及防止。

④ 初步掌握常用焊接方法的特点，具有合理选用焊接方法及相关焊接材料的初步能力。

⑤ 了解金属的焊接性能，熟悉常用金属的焊接特点。

⑥ 熟悉常用焊接接头形式和坡口形式，确定焊缝布置的主要原则，具有分析焊件结构工艺性的初步能力。

⑦ 了解焊接新工艺、新技术及其发展趋势。

⑧ 了解铆接成形工艺和胶接成形工艺。

4.2 重难点分析及学习指导

4.2.1 重难点分析

金属焊接成形是目前应用极为广泛的材料冶金连接方法。它具有如下特点：

① 节省材料，能有效减轻结构重量。

② 接头密封性好，可承受高压。

③ 加工与装配工序简单，可缩短加工周期。

④ 易于实现机械化和自动化生产。

因此，焊接成形在工业生产中占有重要地位。

和金属液态成形工艺和金属塑性成形工艺一样，焊接成形讨论的重点内容也包括常见材料的成形性能、成形方法及成形工艺设计三个方面。

本章学习的重点：

① 熔焊焊接接头的组织与性能。

② 焊接应力与变形的形成及防止。

③ 常用焊接方法的特点和应用范围。

④ 焊接结构工艺性。

本章学习的难点：焊接方法的选择，焊接结构工艺性。

4.2.2　学习指导

本章全面介绍了焊接成形的基本知识。在学习方法上应把握以下两个方面：第一，要与实际紧密联系。在学习之前，尽可能全面复习整理金工实习中所获得的感性知识；在学习过程中，有条件的话还可以再回到实习现场去参观，这样有利于加深理解所学知识。第二，在学习过程中，应不断地进行联系、综合和分析比较。比如，比较焊接件与铸件或锻件各有什么特点，什么样的零件适合采用焊接，什么样的零件适合采用铸造，什么样的零件适合采用锻造；再如，一个具体零件应该采用什么焊接方法，为什么采用这种方法而不采用那种方法，等等。

难在结合具体情况，对上述知识的综合应用，以焊接方法的选择最为突出。此外，焊接应力和变形是焊接工艺中的关键问题，涉及焊接件的设计与成形、缺陷分析与质量控制等众多方面，在学习过程中应给予足够的重视。

4.2.2.1　焊接方法的选择

焊接成形方法的选择应充分考虑材料的焊接性、焊件厚度、生产批量及产品质量要求等要素，并结合各种焊接方法的特点和应用范围来确定。焊接成形方法选择的基本原则是：在保证产品质量的前提下，优先选择常用焊接方法，生产批量较大时还需考虑提高生产率和降低生产成本。焊接成形方法选择的基本方法是类比法，即要熟悉各种焊接方法的特点和应用范围，尤其是常用的焊接方法，然后根据具体要求如施焊材料等，结合工程上的类似情况进行选择。

对于焊接方法的选择可以采用"图表归纳法"进行学习，表 4-1 列出了常用焊接方法的特点和应用范围，表 4-2 列出了常用金属材料在不同焊接方法下的焊接性。

表 4-1　常用焊接方法的特点和应用范围

焊接方法	焊接热源	熔池保护	热影响区	焊接质量	焊接材料	生产率	成本	适用范围		
								空间位置	厚度/mm	金属种类
手弧焊	电弧	气-渣	小	好	焊条	一般	低	全位置	范围宽	钢
埋弧焊	电弧	气-渣	较宽	好	焊丝	高	低	平焊	大	钢
氩弧焊	电弧	保护气体	较窄	好	焊丝	一般	高	全位置	小	有色金属
CO_2 焊	电弧	保护气体	窄	好	焊丝	高	低	全位置	小	钢
电渣焊	电阻热	渣	宽	一般	焊丝	高	低	单一	大	钢
等离子弧焊	等离子焰	保护气体	窄	好	焊丝	高	高	全位置	小	有色金属
电子束焊	电子束	真空	窄	好	无	高	高	全位置	小	各种金属
激光焊	激光束	真空	窄	好	焊丝	高	高	全位置	小	各种金属

表 4-2　常用金属材料在不同焊接方法下的焊接性

金属材料	手弧焊	埋弧焊	CO_2 保护焊	氩弧焊	电渣焊	点焊缝焊	对焊	摩擦焊	钎焊
低碳钢	A	A	A	A	A	A	A	A	A
中碳钢	A	B	B	A	A	B	A	A	A
低合金钢	A	A	A	A	A	A	A	A	A
不锈钢	A	B	B	A	B	A	A	A	A
耐热钢	A	B	C	A	D	B	C	A	A
铸钢	A	A	A	A	A	(—)	B	A	B
铸铁	B	C	C	B	B	(—)	D	D	B
铜及铜合金	B	C	C	A	D	A	B	A	A
铝及铝合金	C	C	D	A	D	A	A	A	C
钛及钛合金	D	D	D	A	D	B~C	C	A	B

注：A—焊接性良好；B—焊接性较好；C—焊接性较差；D—焊接性不好；(—)—很少采用。

4.2.2.2　焊接应力和变形

　　焊接应力和变形是伴随着焊接过程必然出现的一个工艺问题，它与焊接的产品质量密切相关，也是进行焊接设计所需考虑的一个重点问题。

　　焊接应力和变形的问题与铸造应力和变形十分相近，可借助前面关于铸造应力和变形的讨论来理解焊接应力和变形的问题。铸造中，由于壁厚不均匀引起厚大部分后冷、薄壁部分先冷，从而产生内应力；焊接中，焊缝区热量集中后冷，远离焊缝区先冷，从而形成内应力。两者基本原理一样，引起的应力状态也一致，即后冷受拉，先冷受压，如图 4-1 所示。

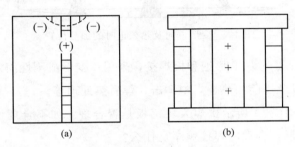

图 4-1　焊接应力和铸造应力

防止和消除焊接变形的措施主要从以下几个方面考虑：

① 焊接过程中，焊接预热、焊中锤击、焊后热处理。

② 焊缝设计中，尽量避免焊缝交叉集中，截面和形状尽可能小，对称布置焊缝。

③ 合理选择焊接顺序，一般遵循"先短后长，先中间后两边"原则，对称焊接。

④ 采用反变形或刚性固定法。

⑤ 采用火焰或机械矫正减小焊接变形。

4.3　典型习题例解

【例 4-1】　试分析图 4-2 所示 T 形梁焊接时可能出现的变形方向及热校正时的加热位置（在图上标出），并说明在工艺上防止变形所采取的措施。

　　分析：根据焊接应力和变形规律，可知近焊缝区受拉，远离焊缝区受压，同时焊缝位置偏心，从而导致 T 形梁产生上翘变形。

　　解题/答案要点：

① 变形方向及热校正时的加热位置如图 4-3 所示。

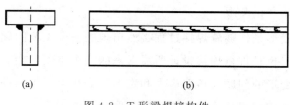

(a)   (b)

图 4-2   T 形梁焊接构件

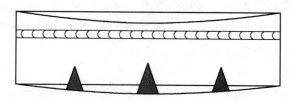

图 4-3   变形方向及热校正时的加热位置

② 将板-板焊接改为 T 形钢和板焊接，采用反变形或刚性固定法，长焊缝采取"退焊法"，以及焊前预热、焊中锤击、焊后热处理等。

【例 4-2】 如图 4-4 所示拼焊大块钢板是否合理？如不合理请改进。为了减小焊接应力与变形，合理的焊接顺序是什么？

分析：这是一道考查焊接件结构工艺性和焊接顺序的题目。分析该零件，突出的问题是焊缝交叉集中，因此在焊缝布置上要尽量减少交叉集中现象。为了减小焊接应力与变形，焊接顺序应考虑"先短后长，先中间后两边"和对称焊接。

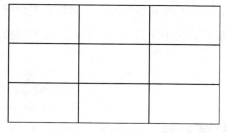

图 4-4   拼焊大块钢板

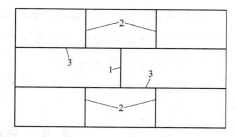

图 4-5   结构改进及焊接顺序

解题/答案要点：拼焊大块钢板不合理，结构改进及焊接顺序如图 4-5 所示。

【例 4-3】 用 20 钢冷拔型材制成的某构件，由于使用不当而断裂，现用手弧焊修复。焊接时，焊接接头横截面上各部分所达的最高温度如图 4-6 所示。试在图上绘制焊接热影响区的分布情况（注：20 钢的再结晶温度为 540℃）。

分析：这是一道考查焊接热影响区基本概念的题目。本题为 20 钢，属于低碳钢。对于低碳钢而言，焊接热影响区一般包括过热区、正火区、部分相变区和再结晶区。其中，过热区的加热温度，在固相线至1100℃之间；正火区的加热温度，在1100℃～A_{c3}之间；部分相变区的加热温度，在A_{c3}～A_{c1}之间；再结晶区的加热温度，在A_{c1}～450℃之间。

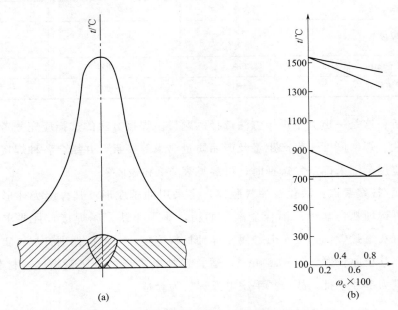

图 4-6　焊接接头横截面上各部分所达的最高温度

解题/答案要点：焊接热影响区的分布情况如图 4-7 所示。

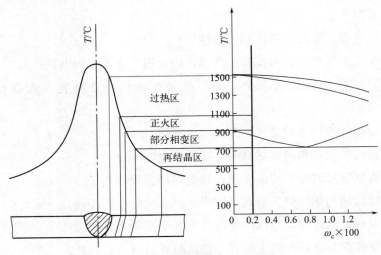

图 4-7　焊接热影响区的分布情况

【例 4-4】 试为表 4-3 所列产品选择合适的焊接方法。

表 4-3　焊接方法的选择

焊接产品	所用材料	生产批量	选用方法
液化石油气瓶体	Q345C	成批生产	
汽车油箱	铝合金	大量生产	
焊接车刀	刀体:45 钢 刀片:硬质合金	成批生产	
重型机械 60mm 钢板构件	Q235A	单件小批生产	
减速器箱体	35 钢	单件小批生产	

分析：这是一道关于焊接方法选择的题目。焊接方法的选择应充分考虑材料的焊接性、焊件厚度、生产批量及产品质量要求等要素，并结合各种焊接方法的特点和应用范围来确定。选择时，可参见表 4-1 和表 4-2。

解题/答案要点：液化石油气瓶体，多采用冲压成形，其焊缝为环形或长直焊缝，可选埋弧自动焊；铝合金汽车油箱，属于非铁金属焊接，且要求密封性好，故可选氩弧焊；焊接车刀，属于异种材料连接，一般选择硬钎焊；重型机械钢构件，其板厚较厚，已达 60mm，适宜选择电渣焊；减速箱箱体，材料为 35钢，批量为单件小批，故选择手工电弧焊较为合适。

4.4　本章自测题

1. 是非题

（1）氩弧焊主要适合低碳钢的焊接。（　　）

（2）手工电弧焊时，为提高生产率，应采用尽可能大的电流。（　　）

（3）埋弧自动焊最适于全位置、批量焊接长、直焊缝及大直径环形焊缝。（　　）

（4）焊接电弧的本质是气体在高温下燃烧。（　　）

（5）钢的碳当量相同，材料的焊接性相近。（　　）

（6）直流正接时焊件的温度高，适合焊接厚板。（　　）

（7）焊接结构钢时焊条的选用原则是焊缝成分与焊件成分一致。（　　）

（8）点焊、缝焊时，焊件的厚度基本不受限制。（　　）

（9）硬钎焊与软钎焊的主要划分依据是钎料熔点的高低。（　　）

（10）低碳钢和强度等级较低的低合金钢是焊接构件的主要用材。（　　）

2. 选择题

(1) 钎焊接头的主要缺点是 （　　　）。

　　A. 焊接变形大　　B. 热影响区大　　C. 应力大　　　　D. 强度低

(2) 大批量生产汽车储油箱，要求生产率高、焊接质量好且经济，应该选用 （　　　）。

　　A. 手弧焊　　　　　　　　　　　　B. 二氧化碳气体保护焊

　　C. 气焊　　　　　　　　　　　　　D. 埋弧自动焊

(3) 酸性焊条应用比较广泛的原因之一是 （　　　）。

　　A. 焊缝成形好　　　　　　　　　　B. 焊接接头抗裂性好

　　C. 焊缝含 H 量低　　　　　　　　　D. 焊接电弧稳定

(4) 对于低碳钢和低强度级普通低合金钢焊接结构，焊接接头的破坏常常出现在 （　　　）。

　　A. 母材　　　　　B. 焊缝　　　　　C. 热影响区　　　D. 再结晶区

(5) 二氧化碳气体保护焊适宜焊接的材料是 （　　　）。

　　A. 铝合金　　　　B. 低碳钢　　　　C. 不锈钢　　　　D. 铸铁

(6) 在生产中，减小焊接应力和变形的有效方法是焊件预热，这是因为 （　　　）。

　　A. 焊缝和周围金属的温差增大而胀缩较均匀

　　B. 焊缝和周围金属的温差减小而胀缩较均匀

　　C. 焊缝和周围金属的温差增大而胀缩不均匀

　　D. 焊缝和周围金属的温差减小而胀缩不均匀

(7) 焊补小型薄壁铸件最适宜的焊接方法是 （　　　）。

　　A. 电弧焊　　　　B. 电渣焊　　　　C. 埋弧焊　　　　D. 气焊

(8) 有一零件用黄铜及碳钢两种材料制成，分别加工成形后进行连接，可采用 （　　　）。

　　A. 氩弧焊　　　　　　　　　　　　B. 二氧化碳气体保护焊

　　C. 电阻焊　　　　　　　　　　　　D. 钎焊

(9) 焊接时通过焊渣对被焊区域进行保护以防止空气有害影响的焊接方法是 （　　　）。

　　A. 电弧焊　　　　B. 电渣焊　　　　C. 埋弧焊　　　　D. 氩弧焊

(10) 焊接时在被焊工件的结合处产生 （　　　），使两分离的工件连为一体。

　　A. 机械力　　　　　　　　　　　　B. 原子间结合力

C. 黏结力　　　　　　　　　D. 机械力、原子间结合力和黏结力

3. 填空题

（1）低碳钢焊接接头以＿＿＿＿＿＿＿＿区和＿＿＿＿＿＿区对接头性能的影响最为严重。

（2）45 钢、20 钢及 T8 钢中焊接性最好的是＿＿＿＿＿＿。

（3）焊接时开坡口的目的是＿＿＿＿＿＿＿和＿＿＿＿＿＿＿。

（4）＿＿＿＿＿＿＿是焊接变形与应力产生的根本原因，近焊缝处常受＿＿＿＿应力，远离焊缝处常受＿＿＿＿应力。

（5）为下列焊接结构件选择合理的焊接方法：

① 5mm 钢板短焊缝对接＿＿＿＿＿＿＿＿＿＿＿＿＿；

② 1mm 钢板不密封对接＿＿＿＿＿＿＿＿＿＿＿＿＿；

③ 10mm 圆钢对接＿＿＿＿＿＿＿＿＿＿＿＿＿＿＿；

④ 100mm 钢板对接＿＿＿＿＿＿＿＿＿＿＿＿＿。

（6）按焊接过程的实质，可将焊接分为＿＿＿＿＿＿＿、＿＿＿＿＿＿和＿＿＿＿＿＿。

（7）埋弧焊的生产率比手弧焊高，这是因为＿＿＿＿＿＿＿＿＿＿＿。

（8）减小焊接应力的有效措施是＿＿＿＿＿＿＿＿＿＿，消除焊接应力的有效方法是＿＿＿＿＿＿＿＿＿＿。

（9）氩弧焊质量比较高的主要原因是＿＿＿＿＿＿＿＿＿＿＿＿＿。

（10）常见焊接接头包括＿＿＿＿＿＿＿＿＿＿＿＿＿＿＿＿＿四种。

4. 简答题

（1）熔焊焊缝冶金过程对焊接质量有何影响？试说明其原因。

（2）如图 4-8 所示的焊接件，试改进零件结构不合理之处。

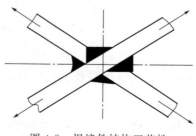

图 4-8　焊接件结构工艺性

（3）比较图 4-9 所示的焊接件，试说明采用不同的焊接顺序对焊接变形的影响。

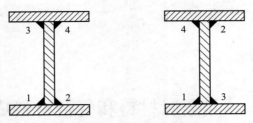

图 4-9　焊接件焊接顺序的选择

（4）试比较对焊和摩擦焊的基本原理和应用范围。

第 **5** 章　非金属材料和复合材料成形工艺

5.1　学习内容与学习要求

5.1.1　学习内容

工程中涉及各种非金属材料的成形，主要包括工程塑料、橡胶、陶瓷材料和复合材料的成形。

5.1.2　学习要求

① 熟悉工程塑料常用的成形方法，掌握其成形原理、工艺流程、工艺条件，了解其成形加工所需设备的特点和主要参数，了解各种成形方法所适应的生产领域。

② 掌握橡胶的成形加工原理，了解其常用成形加工方法及应用领域。

③ 了解粉末冶金技术和工程陶瓷成形工艺的粉体成形原理、粉体制备技术、工艺过程、工艺特点及适用领域。

④ 了解复合材料的常用制备工艺及适用领域。

5.2　重难点分析及学习指导

5.2.1　重难点分析

材料的内在性质，通过选材即可达到。然而，加工过程中产生的附加性质，如形状、结构和微观形态上的变化等使材料性质发生显著的变化，对制品性能产生极为重要的影响，这一点，对于非金属材料尤为突出。非金属材料品种多，成形工艺繁杂，但并非所有成形工艺都在机械制造领域广泛应用，应结合机械工程的实际有选择地进行学习。同时，要注意到非金属材料成形技术在近年来进入了高速发展时期，各种新工艺不断涌现，要注重与时俱进。

本章学习的重点：非金属材料成形工艺及其应用。

本章学习的难点：非金属材料成形方法的选择。

5.2.2　学习指导

本章系统地介绍了非金属材料的成形，包括工程塑料、橡胶、陶瓷和复合材料等，所侧重的是工程技术而不是理论，属于实用技术性内容，类似于驾驶技术、切削加工技术等。在学习本章内容的过程中，要抓住一条主线：材料的结构、性能—材料的成形方法—制品的应用。这条主线要从两个方面来进行把握：一是，联系前述"机械工程材料"课程所学的非金属材料的结构和性质，以此为基础来学习相应材料的成形方法，材料的性能直接影响其成形方法的选择和工艺流程的制定；二是，成形方法的选择和工艺的制定，以对最终产品的规格要求为决定性的前提，广泛联系生产生活中的非金属制品来研究非金属材料的成形，力求做到学以致用。本章学习内容基于课堂教学内容，但又不局限于课堂教学内容，学生可依据自身兴趣深入相关的内容学习，理论联系实际，在全面掌握课程所要求知识的基础上提升独立思考、自主学习的能力。

高分子材料成形的实质是将已有的高分子材料转变成实际的生活制品或结构器件的工程技术。聚合物成形通常包括两个主要过程：一是原料发生变形或熔化流动，取得所需形状；二是形状的稳定保持。

工程塑料的成形性能受温度影响显著，一般在黏流态进行成形加工。常用的工程塑料成形方法有注塑成形、挤出成形、压制成形、吹塑成形和真空成形等。工程塑料成形方法的选择，一般以样品为依据，从以下几方面来考虑：制品的形状、大小、厚薄等，原料的工艺性能，产品的产量和质量要求。除此之外，还要兼顾成形设备要简单、劳动强度要小、劳动条件要好，并且保障良好的经济效益等。在学习这部分内容时，对于成形设备，只要了解基本结构特点和作用过程以及主要设备参数即可，而不必苛求对设备的详细了解和使用。"纸上得来终觉浅，绝知此事要躬行"，因此，要在课堂之外尽量创造实践机会。工程塑料成形加工制品覆盖多个领域：汽车行业中塑料件的制造，如汽车内饰、涂装；电气行业，如电源外壳、内插件等；建筑行业，如塑料门窗、各种管道；另外，塑料的成形加工制品也占有了玩具和小商品行业的较大份额，等等。可见，实践机会几乎遍布我们的日常生活，只要留心可谓处处均为实践的舞台。

橡胶成形加工的主要过程为：生胶—塑炼和混炼—硫化成形—后处理。除生胶和硫化处理外，橡胶的塑炼也是一个重要的橡胶加工过程。塑性（可塑性）是指橡胶在发生变形后，不能恢复其原来状态，或者说保持其变形状态的性质。由此，塑炼是指通过机械应力、热、氧或加入某些化学试剂等方式，使橡胶由强韧的高弹性状态转变为柔软的塑性状态的过程。塑炼的目的是减小橡胶的弹性，提高可塑性；降低黏度；改善流动性；提高胶料溶解性和成形黏着性。塑炼原理如下：生胶的分子量与可塑性有着密切的关系。分子量越小，可塑性就越大。生胶经过机械塑炼后，分子量降低，黏度下降，可塑性增大。由此可见，生胶在塑炼过程中，可塑性的提高是通过分子量的降低来实现的。

5.3 典型习题例解

【例 5-1】 图 5-1 为耐酸离心泵结构简图。它主要由泵体、叶轮、后座体和冷却夹套及机械端面密封组成，其进/出口径为 75mm/65mm，流量为 20m³/h，转速为 2900r/min，功率为 3kW，要求输送 100℃ 以下任意浓度的无机酸、碱、盐溶液。试选择各部件材料及成形工艺。

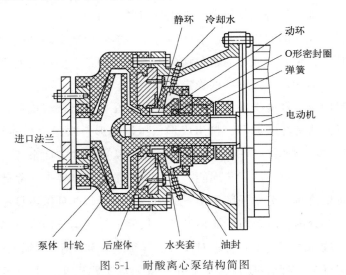

图 5-1 耐酸离心泵结构简图

分析：从题目所给出的条件来看，各部件材料最主要的性能要求是很高的耐蚀性。材料选定后，很容易根据零件的形状特点、生产批量确定成形工艺。

解题/答案要点：①泵体采用聚四氟乙烯注塑成形。聚四氟乙烯具有优良的耐腐蚀性，尤其是输送氢氟酸时，其耐腐蚀性为一般不锈钢或玻璃钢所不及；泵体形状复杂，故采用注塑成形。

② 叶轮采用聚四氟乙烯注塑成形与金属联轴器连接。

③ 后座体和冷却水夹套因形状复杂而采用耐蚀合金铸铁铸造成形，与酸接触的部分，内衬采用聚四氟乙烯注塑成形。

④ 端面密封件除要求耐蚀外还要求耐磨，故采用陶瓷和聚四氟乙烯材料，分别采用陶瓷模压及塑料压制加烧结成形来制造。

【例 5-2】 简述聚合物基复合材料传递模塑（resin transfer molding，RTM）成形方法。

解题/答案要点：聚合物基复合材料传递模塑成形工艺简称 RTM，是一种闭模成形工艺。成形时，先在模具的型腔中放置增强体，如玻璃纤维、碳纤维等；闭模锁紧后，在一定的温度和压力下将配好的树脂胶液从注入孔处注入模腔，浸透增强材料并充满型腔。树脂注射完毕后，经过固化反应、启模、脱模制成最终产品。RTM 成形方法有以下特点：

① 材料选择的机动性强，可充分发挥复合材料性能的可设计性：增强材料预成形体可以是短切毡、连续纤维毡或纤维布等，并可根据设计需求，按制品受力状况铺放增强材料。

② 闭模树脂注入方式可极大减少树脂有害成分的挥发，从而避免对人体和环境的毒害。

③ RTM 的注射压力低，有利于制备大尺寸、外形复杂、两面光洁的整体结构，并且不需后处理制品。

④ 成形效率高、投资少以及易实现自动化生产，使用增强材料预成形技术，一经完成纤维树脂的浸润即可固化。

RTM 工艺的以上特点使其日益为复合材料行业所重视，并逐步成为取代手糊成形、喷射成形的主导成形工艺之一。

5.4　本章自测题

1. 是非题

（1）塑料注射成形是热固性塑料成形的主要加工方法。（　　　）

（2）橡胶压制成形工艺的关键是控制模压硫化过程。（　　　）

（3）金属材料的各种切削加工方法都可广泛应用于陶瓷材料的加工。（　　　）

（4）金属材料的各种成形工艺大多适用于颗粒、晶须及短纤维增强的金属基复合材料，包括压力铸造、熔模铸造、离心铸造、挤压、轧制、模锻等。（　　　）

（5）ABS 是热固性塑料，大多采用压制成形的方法。（　　　）

（6）一般情况下，材料的复合过程与制品的成形过程同时完成，所以材料的生产过程也就是其制品的成形过程。（　　　）

（7）塑料的可加工性与其力学状态无关。（　　　）

（8）塑料成形对可模塑性的要求为能够密实地充满模具型腔。（　　　）

（9）塑料在成型或加工时会放出有毒性、刺激性或腐蚀性的气体。（　　　）

（10）粉末冶金方法的特点是材料制备与成形一体化。（　　　）

2. 选择题

（1）塑料（　　　）成形是热固性塑料成形的主要加工方法。

  A. 模压　　　　　B. 烧结　　　　　C. 注射　　　　　D. 手糊

（2）塑料在一定的温度与压力下填充模具型腔的能力主要与其（　　　）有关。

  A. 收缩性　　　　B. 结晶性　　　　C. 热敏性　　　　D. 流动性

（3）对于大型厚胎、薄壁、形状复杂不规则的陶瓷制品适于（　　　）成形制造。

  A. 压制　　　　　B. 注浆　　　　　C. 挤压　　　　　D. 手糊

（4）经（　　　）和炭黑增强后，橡胶的抗拉强度大大提高，并具有良好的耐磨性。

  A. 热处理　　　　B. 硫化处理　　　C. 氧化处理　　　D. 时效处理

（5）（　　　）不属于复合材料的成形方法。

  A. 注射成形　　　B. 层压成形　　　C. 手糊成形　　　D. 模压成形

（6）下列不属于塑料的成形性能的是（　　　）。

  A. 流动性　　　　B. 收缩性　　　　C. 延展性　　　　D. 吸湿性

（7）已知某塑料材料的玻璃化转变温度为 T_g，则其最适宜机械加工的温度为（　　　）。

  A. 小于 T_g　　　B. 大于 T_g　　　C. 等于 T_g　　　D. 与 T_g 无关

（8）粉末冶金工艺中，粉末的性能不包括（　　　）。

  A. 粒度和粒度分布　　　　　　　　B. 颗粒的形态

  C. 粉料的流动性　　　　　　　　　D. 硬度

（9）下列不同类型的复合材料成形温度最低的是（　　　）。

  A. 金属基复合材料　　　　　　　　B. 聚合物基复合材料

  C. 陶瓷基复合材料　　　　　　　　D. 无法确定

（10）与手糊法相比，喷射成形方法的优点是（　　　）。

A. 生产效率提高   B. 劳动强度降低

C. 制品无搭接缝   D. 场地污染小

3. 填空题

（1）热固性塑料在成形过程中，由于高聚物发生交联反应，分子将由线型结构变为_____结构。

（2）在成形过程中，除少数工艺外，都要求塑料处于_____态成形，因为在这种状态下，塑料聚合物呈熔融的流体，易于流变成形；所要求的温度必须_____塑料的玻璃化转变温度。

（3）塑料注射成形的工艺条件主要有_____、_____和_____等。

（4）橡胶制品的成形方法与塑料成形方法相似，主要有_____、_____和_____等。

（5）新型陶瓷制品的生产过程主要包括配料与_____、_____及后续加工等工序。

（6）塑料只有在_____或_____态下才具有可挤压性。

（7）可模塑性实质上是考察_____与_____间的适应关系。

（8）评价塑料的可延展性的方法是测定其_____。

（9）收缩率是塑料的成形加工和_____的重要参数。

（10）_____是挤出机的核心设备，按其分类挤出机可分为_____、_____和多螺杆挤出机。

4. 简答题

（1）塑料安全帽、塑料管材和塑料药瓶等制品应采用什么成形方法？

（2）分析压制成形和传递成形两种热固性塑料成形工艺的主要异同点？

（3）简述玻璃钢的组成及其性能特点。

（4）简述热塑性塑料注射成形过程。

第 **6** 章 增材制造工艺

6.1 学习内容与学习要求

6.1.1 学习内容

增材制造的原理及其工艺特点；金属、非金属增材制造工艺方法；增材制造的应用及发展趋势。

6.1.2 学习要求

① 熟悉常用金属、非金属增材制造工艺的原理、设备、特点及其应用场合。

② 了解增材制造在各行业中的应用现状。

③ 了解增材制造发展趋势。

6.2 重难点分析及学习指导

6.2.1 重难点分析

增材制造，综合了材料、机械、自动化、计算机等多学科知识，属于一种多学科交叉的先进成形技术。增材制造按照成形材料种类，可以分为金属成形制造工艺和非金属成形制造工艺两大类，而每一大类又可以按照材料堆积方式分为多种工艺方法。每一种工艺方法都有特定的应用范围，大多数工艺可用于模型制造，部分工艺可用于高性能塑料、金属零部件的直接制造以及受损部位的修复。

本章的学习重点：

① 增材制造工艺的原理、设备、特点及应用。

② 增材制造在各行业中的应用现状。

③ 增材制造的发展趋势。

本章的学习难点：各种增材制造工艺的特点及应用。

6.2.2 学习指导

增材制造工艺一般都需要在计算机中利用三维绘图软件如 CAD 绘制工件的立体图形，接着利用配套的"切片"软件沿 Z 轴按照固定图层厚度对立体图形进行"切割"，将其离散转换成二维平面图形并得到每一层截面的轮廓数据，然后利用厚度数据和轮廓数据控制制造系统进行逐层成形，最终得到层层累积形成的三维实体。

6.2.2.1 金属增材制造工艺方法

（1）选择性激光熔化工艺

选择性激光熔化工艺，是利用高强度激光熔化金属粉末，从而快速成形出致密且力学性能良好的金属零件。

选择性激光熔化工艺的特点：具有零件结构复杂、精度高、组织致密、冶金结合等优点。但同时制造工艺相对复杂、设备成本较高，零件的内应力和性能稳定性不易控制。

选择性激光熔化工艺的应用：目前选择性激光熔化工艺可用于制造高温合金、不锈钢和钛合金等难加工材料的中、小尺寸零件。

（2）电子束选区熔化工艺

电子束选区熔化工艺，是利用高能电子束作为热源，在真空条件下将金属粉末完全熔化后快速冷却并凝固成形。

电子束选区熔化工艺的特点：成形制件的致密度高；电子束的能量利用率高，可成形难熔材料；高真空保护使产品成分更加纯净，性能有保证；零件热应力小；可实现多束加工，成形效率高。但是，该工艺需要严格的真空环境；电子束成本较高；电子束聚斑效果较激光略差，导致零件的加工精度和表面质量略差。

电子束选区熔化工艺的应用：其应用范围相当广泛，特别是在难熔、难加工材料的成形方面有突出表现，制件能实现高度复杂性并达到较高的力学性能，多用于航空飞行器及发动机多联叶片、机匣、散热器、支座、吊耳等结构的制造，另外，在生物医疗、航空航天等领域也有一定的应用。

（3）激光近净成形工艺

激光近净成形工艺的原理是用惰性气体将待熔融的粉末送入喷头，当粉末落入喷嘴附近时，经激光加热熔化落入熔池并在基板上逐层堆积成形。

激光近净成形工艺的特点：制件结构复杂；材料范围广泛，可方便加工熔点高、难加工的材料，能实现异质材料零件的制造；制件的力学性能好，几乎可达完全致密。但是，该工艺大部分采用开环控制系统，在保证金属零件的尺寸精度和形状精度方面存在一定缺陷；成形零件体积收缩过大和粉末爆炸迸飞；成形形状和结构受到一定限制。

激光近净成形工艺的应用：可对零件进行修复和再制造；可以直接制造结构复杂的金属功能零件或模具；特别适用于成形垂直或接近垂直的薄壁类零件；可以用于航空航天大型金属结构件的制造等。

（4）电子束熔丝沉积工艺

电子束熔丝沉积工艺又称为电子束自由成形工艺，是在真空环境下使用电子束将丝材加热熔化形成熔滴，熔滴沿着一定的路径逐滴沉积进入熔池并凝固，层层堆积成形。

电子束熔丝沉积工艺的特点：可以实现超高速的金属沉积速率；可以制造大部分熔点很高且难加工的合金制件；其制件力学性能接近或等效于锻件性能；丝材成本低，材料利用率高。但该工艺成形制件的精度和表面质量一般不能满足最终的要求，需要对制件进行相应的后处理，如数控精加工和表面抛光；同时，由于该工艺需要专用的电子束设备和真空系统，设备价格较高。

电子束熔丝沉积工艺的应用：是用于难加工材料成形及复杂金属结构制造的关键技术手段之一，在航空、航天、汽车、医学等领域具备极大的应用潜力及需求。如利用电子束熔丝沉积成形工艺生产涡轮叶片，可得到晶粒细小、性能优越、无明显缺陷的制件。

（5）丝材电弧增材制造工艺

丝材电弧增材制造工艺，是以电弧作为热源，将送丝机构送入的丝材熔化，然后使其凝固逐层堆积成形。

丝材电弧增材制造工艺的特点：具有相对较高的沉积速率和廉价的高能量密度等特点，可以经济、快速地制造形状复杂的大型零件，适用大部分能够焊接的金属合金，其丝材利用率接近百分之百，尤其是对于比较贵重的合金材料非常合适，可以节约成本；一般需要机加工后处理以提高零件表面精度。

丝材电弧增材制造工艺的应用：主要应用于航空、航天、军工和油气等领域。如用于大口径厚壁三通管件的制造，克服了传统制造方法的壁厚壁垒。

6.2.2.2　非金属增材制造工艺

（1）光固化工艺

光固化工艺是用紫外激光选区照射液态光固化树脂，使其逐层固化形成三维实体模型的成形方法。

光固化工艺的特点：加工精度高、表面质量高；扫描速度快、成形速度较快；扫描质量高。但此工艺也具有一定的局限性，主要在于成形过程中需要支撑、树脂收缩导致精度下降、光固化树脂有一定的毒性等。

（2）熔融堆积成形工艺

熔融堆积成形工艺的原理：材料在喷头被加热熔化；喷头将熔化的材料挤出；材料迅速固化逐层成形。

熔融堆积成形工艺的特点：成形材料种类多；成形设备简单、成本低；成形过程对环境无污染；设备运行时噪声很小。

（3）选择性激光烧结工艺

选择性激光烧结工艺，是用高强度的 CO_2 激光器扫描材料粉末，使其逐层成形。

选择性激光烧结工艺的特点：选材较为广泛；无须考虑支撑系统。

选择性激光烧结工艺与铸造工艺的关系极为密切，如烧结的陶瓷型可作为铸造的型壳、型芯，蜡型可作为蜡模，热塑性材料烧结的模型可作为消失模等。

（4）三维印刷工艺

三维印刷工艺，采用粉末材料成形，通过喷头用黏结剂（如胶水）将零件的截面"印刷"在材料粉末上面成形。

三维印刷工艺的特点：成形速度快；成形材料价格低，非常适合做桌面型的快速成形设备，可以制作彩色原型。其缺点是成形件的强度较低，只能作为概念性模型使用，而不能做功能性试验。

（5）无模铸型制造工艺

无模铸型制造工艺，是专门制造铸型的增材制造工艺。造型时第一个喷头逐层在型砂上喷射黏结剂，第二个喷头再沿同样的路径喷射催化剂，两者发生交联反应，一层层固化型砂面堆积成形。

无模铸型制造工艺的特点：造型过程高度自动化、敏捷化，降低工人劳动强度，而且在技术上突破了传统工艺的许多障碍，使设计、制造的约束条件大大减少。

6.2.2.3 增材制造的应用及发展趋势

随着增材制造成形工艺发展日渐成熟，其应用范围已覆盖航空航天工业、汽车工业、生物医学和文化创意等各个领域。据中国增材制造产业联盟统计，我国增材制造产业规模在持续增长。

虽然增材制造已经取得长足的进步，但无论是技术方面还是经济方面，它都还面临着许多挑战，包括：成形速度慢；制造成本高；有限的材料和材料特性的不一致；缺乏行业标准；相关软件的挑战；大多需要后期处理。这些挑战也就成为今后一段时间该技术的发展趋势。

6.3　典型习题例解

【例 6-1】　与传统的制造方法相比，增材制造技术具有哪些优势？

分析：增材制造，综合了材料、机械、自动化、计算机等多学科知识，属于一种多学科交叉的先进成形技术。

解题/答案要点：与传统的制造方法相比，增材制造技术具有以下优势：

① 设计上的自由度。在增材制造当中，部件的复杂度极少需要或根本不用额外考虑。可以只从功能性的方面来设计零件，而不用顾虑制造相关的限制。

② 小批量生产的经济性。增材制造一般不需要与零件相适应的专门工艺装备，其制造的准备成本低、过程短，非常适合单件小批生产。

③ 高材料效率。增材制造是净成形水平最高的工艺，增材制造零件后续机加工需要切削掉的材料余量很少。

④ 生产可预测性好。增材制造的构建时间经常可以根据部件设计方案直接预测出来，这意味着生产用时可以预测得很精确。

⑤ 减少装配。通过增材制造所构建的复杂形状可以一体成形，取代那些目前还需采用众多部件装配而成的产品。

【例 6-2】　查阅资料，了解增材制造技术在如下文物保护活动中所起的作用。

① 龙门石窟"佛首回归"；

② 三星堆青铜树修复和 3 号坑青铜器提取。

分析：这是增材制造的一个重要应用领域。增材制造为文物仿制、文物修复和包装支撑等方面提供了非常好的解决方案。

解题/答案要点：①龙门石窟的无量寿佛佛首目前由上海博物馆收藏。通过对佛首和佛身实物进行采集三维数据、建立三维模型、虚拟拼接、实现虚拟复原，再利用增材制造实现佛首的高精度复制，最后将复制的佛首拼接到无量寿佛身体上，便可完成"佛首回归"。

② 三星堆青铜器大部分都是残破的碎片，破口机理没有规律性，加上千年氧化和腐朽，要修复非常困难。通过数据采集、生成模型、虚拟拼接，能模拟出

最大程度吻合拼接修复方案，再采用增材制造技术复制出各个残片，进行实物拼接试验，可为后续实际修复工作提供精准的技术支撑。

3号坑青铜器在提取时，有些器物容易受力变形或断裂，为了避免受力不均再次破坏，需要先制作支撑物来保护器物。先扫描获得三维数据，再利用该模型生成一个与原器物外形吻合的支撑物，采用增材制造技术完成支撑物的制造，最后在青铜器物提取时利用此支撑物对器物形成很好的保护。

6.4　本章自测题

1. 是非题

（1）增材制造无须昂贵的刀具、夹具或模具，省去了毛坯制造和零件加工等过程。（　　　）

（2）分层切片过程是增材制造中三维图形向二维薄片的离散化过程。（　　　）

（3）增材制造过程中，分层切片的厚度越小，精度越低。（　　　）

（4）选择性激光烧结工艺可以用来制作热塑性材料的消失模。（　　　）

（5）光固化工艺成形过程中不需要支撑。（　　　）

2. 简答题

（1）增材制造技术的发展趋势有哪些？

（2）简述增材制造工艺制造砂型的优点。

第**7**章 材料成形工艺选择

7.1 学习内容与学习要求

7.1.1 学习内容

毛坯成形工艺选择的原则；毛坯成形工艺选择的方法；典型机械零件成形方法的选择。

7.1.2 学习要求

① 理解适用性要求对毛坯类型及成形方法选择的影响。

② 理解经济性要求对成形方法选择的影响。

③ 理解环保性要求的重要性。

④ 熟悉毛坯成形方法选择的依据。包括零件类别、功能、使用要求及其结构、形状、尺寸、技术要求，零件的生产批量，现有生产条件等。

⑤ 熟悉各种常用毛坯成形方法的特点及适用场合等。

⑥ 了解轴杆类、盘套类、箱体类零件的成形方法选择。

7.2 重难点分析及学习指导

7.2.1 重难点分析

毛坯成形方法的选择是否合理，直接影响到零件的质量、使用性能、成本和生产率。材料成形工艺的选择一般主要指毛坯成形工艺的选择。

本章学习的重点：

① 毛坯成形工艺选择的原则。

② 毛坯成形方法选择时，需要考虑的各种因素及其影响情况。

③ 各种毛坯成形方法的材料、结构、尺寸、性能、批量等工艺特点，以及适用范围。

④ 典型零件成形方法的选择。

本章学习的难点：各类零件的毛坯成形方法选择。

7.2.2　学习指导

毛坯成形方法的选择是制造工艺设计中的一项重要内容。毛坯按其制造形式分为：铸件、锻件、冲压件、焊接件、型材和其他。选择不同的毛坯就会有不同的加工工艺，采用不同设备、工装，从而影响零件加工的生产率和成本。毛坯选择包括选择毛坯类型和确定毛坯制造方法两方面，应全面考虑机械加工成本和毛坯制造成本，以降低零件制造总成本。

7.2.2.1　零件毛坯主要种类及成形工艺特点

（1）零件毛坯的主要种类及特点

采用材料成形工艺所能加工的毛坯及成品零件主要有铸件、锻件、冲压件、焊接件和塑料件等。此外，还有挤压件、粉末冶金制件及型材等。

① 铸件。对于形状比较复杂，尤其是有复杂的内腔结构，强度要求不高，且受力不大或主要承受压力的零件的毛坯，选择铸造成形比较合适。铸件分为铸铁件、铸钢件和铝、铜、镁等非铁金属铸件。铸钢件的力学性能比铸铁件好。铸钢件可分为一般工程用碳素结构钢和合金结构钢铸件等；各种非铁金属铸件按化学成分还可分为多种牌号的铸件。其典型应用主要集中在箱体类零件，如机床床身、立柱、箱体和各种阀体等。

② 锻件。锻造由于受材料性能的影响和自身工艺的限制，一般不适合用作复杂形状的零件毛坯的生产，但其最突出的优点是组织细密、力学性能优良，能够承受较大的载荷，是受力元件最佳的毛坯制造方法。锻件可分为自由锻件、胎模锻件和模锻件。模锻件按所用的设备不同分为锤上模锻件和压力机上模锻件；按加工余量和公差的大小可分为普通模锻件和精密模锻件等。此外，还有辊锻、楔横轧、摆辗和扩孔环轧等特种锻件。对于承受较大载荷的零件如各种轴、齿轮等都适合选择锻造成形。

③ 冲压件。冲压成形主要应用于薄壁零件的成形，一般要求冲压用材料塑性要好，如低碳钢、工程塑料等。冲压件可分为冲裁件、弯曲件和拉深件等。若按制件尺寸精度可分为普通冲压和精冲件。

④ 焊接件。焊接最大的优点在于能够化大为小，化复杂为简单。铸-焊、

锻-焊、冲压-焊接相结合，可使单纯的焊接制件的范围大为扩展。所以焊接件多用于金属结构件（如桥梁、支架、飞机汽车外壳等）、组合件及零件的修补等。

⑤ 塑料件。塑料件是通过注射、挤出等不同的成形方法，由颗粒状塑料加工成的塑料制件。该工艺可直接获得最终零件或产品。各种不同的塑料，可分别用来制造轴承、齿轮、螺钉、螺母、阀座和衬套等机械零件。塑料件重量轻、化学稳定性好、电气绝缘性好，有优良的耐磨性和自润滑性，甚至有与钢相近的强度，是具有广阔前途的机械工程材料。

⑥ 型材。型材是指金属经过塑性加工成形，获得的具有一定断面形状和尺寸的实心直条，可以直接作为零件的毛坯。按型材截面形状，可分为圆钢、方钢、六角钢、异形钢管型材。按轧制方法，可分为冷拉与热轧型材。热轧型材的尺寸较大，精度低，用作一般零件的毛坯。拉制型材的尺寸较小，精度较高，用于制造中小型零件。

（2）各种成形工艺的特点及应用范围

各种成形工艺的比较及主要适用范围见表 7-1。

7.2.2.2　典型机械零件的分类及毛坯成形方法

根据结构特点，零件一般可以分为轴类、套类、盘类和箱体类四大类。

① 轴类零件。轴类零件一般为回转体零件，其长度尺寸远大于径向尺寸，主要用于传递运动和动力，属于受力零件，大多要求具有高的力学性能。通常采用锻造成形，在要求不高或结构比较复杂的情况下也可以选择型材或铸造成形。

② 套类零件。套类零件一般也为回转体零件，其长度和直径相同或相近，主要起支承或导向作用，属于薄壁形零件，容易变形。通常采用型材（热轧圆钢、无缝钢管等），也可以用铸造成形或锻造成形。

③ 盘类零件。盘类零件一般也为回转体零件，其长度小于直径，常见的有齿轮、飞轮、法兰盘等。由于此类零件应用场合差异较大，因此采用的毛坯成形方法也不同，如齿轮属于受力元件，选择锻造成形；而飞轮属于蓄能元件，采用铸造成形。所以，该类零件要视具体情况而定。

④ 箱体类零件。该类零件一般形状比较复杂，多数有复杂的内腔结构，且通常作为基础部件，主要承受压力，同时有减振耐磨要求，所以一般都选择铸造成形，有时也可以采用焊接成形。

表7-1 常用的毛坯成形方法比较

项目	铸造	锻造	冲压	焊接	型材
成形特点	液态成形	固态下塑性变形	固态下塑性变形	借助金属原子间的扩散和结合	固态下切削
对原材料工艺性能要求	流动性好，收缩率小	塑性好，变形抗力小	塑性好，变形抗力小	强度好，塑性好，液态下化学稳定性好	
适用的材料	铸铁、铸钢、非铁金属	低、中碳钢、合金结构钢	低碳钢和非铁金属薄板	低碳钢、低合金结构钢、不锈钢、非铁金属	碳钢、合金钢、非铁金属
适宜的形状	形状不受限制，可相当复杂，尤其是内腔形状	自由锻件简单；模锻件可较复杂，但有一定限制	形状可以较复杂	尺寸、形状一般不受限制	形状简单，一般为圆形或平面
适宜的尺寸与质量	砂型铸造不受限制，特种铸造受限制	自由锻件不受限制；模锻件受限制，一般<150kg	冷冲压板厚一般小于10mm，热冲压最大板厚可达16～20mm	不受限制	中、小型零件
毛坯的组织和性能	砂型铸件晶粒粗大，缺陷多、杂质排列无方向性。铸铁件力学性能差，耐磨性、减振性好。铸钢力学性能较好	晶粒细小、均匀、致密，可利用流线改善性能，力学性能好	组织致密，可产生纤维组织。利用冷变形强化，可提高强度和硬度，结构刚性好	焊缝区为铸态组织，熔合区及过热区有粗大晶粒，内应力大；接头力学性能达到或接近母材	取决于型材的原始组织和性能
毛坯精度和表面质量	砂型铸造精度低，表面粗糙；特种铸造较好	自由锻件精度较低，表面粗糙；模锻件精度较好，表面质量好	精度高，表面质量好	精度较低，接头处表面粗糙	取决于型材的切削方法

项目	铸造	锻造	冲压	焊接	型材
适宜的生产批量	砂型铸造不受限制	自由锻适于单件小批量,模锻适于大批量	大批量	单件,成批	单件,成批
材料利用率	高	自由锻件较低,模锻件较高	较高	较高	较低
生产成本	低	自由锻件较高,模锻件较低	批量越大,成本越低	中	较低
生产周期	砂型铸造较短	自由锻较短,模锻长	长	短	短
生产率	砂型铸造低	自由锻低,模锻较高	高	中、低	中、低
适用范围	铸铁件以承受压力为主的零件,或要求耐磨、减振的零件;铸钢件用于承受重载荷且形状复杂的零件	用于对力学性能,尤其是强度与韧性要求较高的传动零件和工具、模具	用于以板料成形的零件	用于制造金属结构件,或组合件和零件的修补	一般中、小型简单件
应用举例	机架、床身、底座、工作台、导轨、变速箱、泵体、阀体、带轮、轴承座、曲轴、凸轮轴、齿轮体等	机床主轴、传动轴、齿轮、连杆、凸轮、螺栓、弹簧、曲轴、锻模、冲模等	汽车车身覆盖件、仪器仪表与电器的外壳及零件、液压箱、水箱等	锅炉、压力容器、化工容器、管道、厂房构架、吊车构架、桥梁、车身、船体、非结构件、重型机械的机架、立柱、工作台等	光轴、丝杠、螺栓、螺母、销等

7.2.2.3 毛坯成形工艺选择的原则与一般过程

毛坯成形方法选择的原则与材料选择的原则基本相同，即在满足零件使用性能的前提下，寻求使用性能、工艺性能和经济性能的统一。事实上，这也是工程的一般理念。

毛坯成形方法选择的一般过程（思路）通常包括：

① 将机械（机器或部件）拆分成基本单元，即单个的零件；

② 了解零件所属类型、结构特点和技术要求；

③ 明确零件的生产类型；

④ 合理选择毛坯所用材料；

⑤ 合理选择毛坯成形生产方法；

⑥ 制定出毛坯生产规范。选择过程也可运用"条件筛选法"和"特征分析法"。

7.3 典型习题例解

【例 7-1】 图 7-1 为小型汽油发动机结构简图。其主要支承件是缸体和缸盖。缸体内有气缸，缸内有活塞（其上带活塞环及活塞销）、连杆、曲轴及轴承；缸体的右侧面有凸轮轴，背面有离合器壳、飞轮（图中未示出）等；缸体底部为油底壳；缸盖顶部有进、排气门，挺杆，摇臂，右上部为配电器，左上部为化油器及火花塞。试为该小型汽油发动机各主要零件选定合适的材料及成形工艺。

分析：这是一道考查材料选用及各种成形方法综合运用的题目，可能涉及教材所述的几乎全部成形工艺。从题目所给出的条件来看，各部件材料所要求的主要性能各不相同，需根据各零件的服役条件确定其性能要求，从而选定材料，再根据零件的形状特点、生产批量确定成形工艺。

讨论/解题要点：发动机工作时，首先由配电系统控制化油器及火花塞点火，然后气缸内的可燃气体燃烧膨胀，产生很大的压力，使活塞下行，借助连杆将活塞的往复直线运动转变为曲轴的回转运动；并通过曲轴上的飞轮储蓄能量，使其转动平稳连续；接着通过离合器及齿轮传动机构，用发动机的动力驱动汽车行驶。发动机中的凸轮轴、挺杆、摇臂系统用来控制进、排气门的开闭，周期性地实现进气、点火燃烧、膨胀、活塞下行推动曲轴回转、活塞上升、排气等步骤，连续不断地进行循环工作。

故各主要零件的选材及成形方案为：

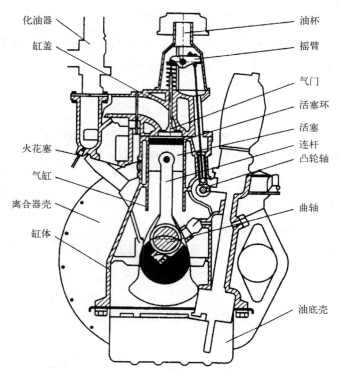

图 7-1　小型汽油发动机结构简图

图中标注：化油器、缸盖、火花塞、气缸、离合器壳、缸体、油杯、摇臂、气门、活塞环、活塞、连杆、凸轮轴、曲轴、油底壳

① 缸体、缸盖。为形状复杂件，其内腔尤为复杂，且为基础支承件，有吸振性的要求，同时汽车多为批量生产，故选用 HT200 或 HT250 材料，并选用机器造型、砂型铸造成形工艺。

如果是用在摩托车、快艇或飞机上的发动机缸体、缸盖，由于要求其质量小，常选用铸造铝合金材料，并且根据批量及耐压要求，可选用压铸或低压铸造成形工艺。

② 曲轴、连杆、凸轮轴。多采用珠光体球墨铸铁材料，可采用机器造型、砂型铸造工艺。对于小型的曲轴、连杆及凸轮轴，当毛坯尺寸精度要求更高时，可选用球墨铸铁壳型铸造或熔模铸造成形；当力学性能要求较高、受冲击负荷较大时，也可采用 45 钢模锻成形。

③ 活塞。最普遍的成形工艺是铸造铝合金金属型铸造成形。船用大型柴油发动机的活塞常采用铝合金低压铸造成形，以达到较高的内部致密度和力学性能。

④ 活塞环。是箍套在活塞外侧的环槽中、与气缸内壁直接接触、进行滑动摩擦的环形薄片零件。要求其有良好的减摩和自润滑特性，并应承受活塞头部点

火燃烧所产生的高温和高压，一般多采用经过孕育处理的孕育铸铁 HT250 或低合金铸铁及机器造型、砂型铸造工艺。在一些无油润滑工作条件下的活塞环可用自润滑性能良好的聚四氟乙烯塑料进行压制及烧结成形。

⑤ 摇臂。承受频繁的摇摆及点击气门挺杆的作用力，应有一定的力学性能，并且与挺杆接触的头部要求耐磨，同时摇臂除孔进行机械加工外，其外形基本不加工，故对毛坯的形状和尺寸精度要求较高，因此选用铸造碳钢精密铸造成形。

⑥ 离合器壳及油底壳。均系薄壁件。油底壳受力要求低，但要求铸造性能好，可采用普通灰铸铁，而离合器壳多选用孕育铸铁或铁素体球铁，它们均用机器造型、砂型铸造工艺成形。当要求其质量小时，可以铸造铝合金为材料，压力铸造和低压铸造工艺成形，还可用薄钢板冲压成形。

⑦ 飞轮。承受较大的转动惯量，应有足够的强度，一般采用孕育铸铁或球墨铸铁，用机器造型、砂型铸造工艺成形。但对于高速发动机（如轿车上的发动机）的飞轮，因其转速高，则需选用 45 钢，用闭式模锻工艺成形。

⑧ 进、排气门。进气门工作温度不高，一般用 40Cr 钢，而排气门则在 600℃ 以上的高温下持续工作，多用含氮的耐热钢制造。其成形工艺，一般用冷轧杆径圆钢进行电镦头部法兰、并用模锻终锻成形的工艺，另外，也可以采用热轧粗圆钢进行热挤压成形的工艺。而用热轧粗圆钢进行热挤压成形的工艺在技术上更先进。

⑨ 曲轴轴承及连杆轴承。均属滑动轴承，多采用减摩性能优良的铸造铜合金（如 ZCuSn5Pb5Zn5 等），用离心铸造或真空吸铸等工艺成形，或采用铝基合金轧制成轴瓦。

⑩ 化油器。是形状十分复杂的薄壁件，铸造后无须进行切削加工就直接使用。因此对毛坯的精度要求高，多采用铸造铝合金，用压力铸造成形。

7.4 本章自测题

1. 是非题

（1）一般来说，钢的强度高于铸铁的强度。（　　　）

（2）在机械制造中，凡承受重载荷、高转速的重要零件，常采用锻造毛坯。（　　　）

（3）锻造生产是以材料的韧性为基础的，球墨铸铁、可锻铸铁都能进行锻造。（　　　）

（4）自由锻工具简单、通用性强，因此适用于大批量生产。（　　　）

（5）自由锻件的形状结构应尽量简单。（　　　）

（6）模锻件精度高、生产率高，但工装设备复杂，因此适用于大批量生产。（　　　）

（7）在常用金属材料的焊接中，铸钢的焊接性能比铸铁好。（　　　）

（8）机床主轴常采用灰铸铁铸造成形。（　　　）

（9）机床手柄常采用合金钢模锻成形。（　　　）

（10）选择毛坯件类型及成形方法，首先要满足使用要求。（　　　）

2. 选择题

（1）形状复杂零件的毛坯，尤其是具有复杂内腔时，最适合采用（　　　）生产。

      A. 铸造　　　　　　B. 锻造　　　　　　C. 焊接　　　　　　D. 热压

（2）发动机缸体的毛坯成形方法一般选择（　　　）。

      A. 铸造　　　　　　B. 锻造　　　　　　C. 冲压　　　　　　D. 焊接

（3）生产批量较大的机架类零件宜采用（　　　）方法成形。

      A. 铸造　　　　　　B. 锻造　　　　　　C. 焊接　　　　　　D. 粉末冶金

（4）同样材料的铸件毛坯与锻件毛坯、型材坯料相比，铸件毛坯（　　　）。

      A. 力学性能高　　　　　　　　　　B. 切削加工量少

      C. 化学性能稳定　　　　　　　　　D. 金属消耗量多

（5）大批量生产铸铁水管，应选用（　　　）铸造。

      A. 砂型　　　　　　B. 金属型　　　　　C. 离心　　　　　　D. 熔模

（6）用金属型铸造和砂型铸造来生产同一个零件毛坯，则（　　　）。

      A. 金属型铸造时，铸造应力较大，力学性能好

      B. 金属型铸造时，铸造应力较大，力学性能差

      C. 金属型铸造时，铸造应力较小，力学性能差

      D. 金属型铸造时，铸造应力较小，力学性能好

（7）锻件的力学性能比同样材料的铸件好，因为（　　　）。

      A. 剥离的氧化皮带走了材料中的有害杂质

      B. 在反复加热和锤打中消除了铸造应力

      C. 重结晶中细化了晶粒，并使铸造组织的内部缺陷得到改善

      D. 使晶粒变形，获得纤维状组织

（8）力学性能要求较高的钢制阶梯轴零件宜采用（　　　）方法成形。

A. 铸造   B. 锻造   C. 焊接   D. 粉末冶金

（9）在大量生产要求内孔和外圆有很高同轴度的垫圈时，应选用（　　）冲模来生产。

     A. 组合   B. 连续   C. 复合   D. 复杂

（10）与胎模锻相比，模锻（　　）。

     A. 模具制造简单   B. 生产效率低

     C. 工人操作水平要求高   D. 设备昂贵

3. 填空题

（1）硬质合金产品是用＿＿＿＿＿＿生产的。

（2）汽车发动机上的曲轴可以采用合金钢＿＿＿＿方法制造毛坯，也可以采用球墨铸铁＿＿＿＿方法制造毛坯。

（3）家用液化气钢瓶的瓶嘴一般采用＿＿＿＿＿＿＿焊接方法。

（4）飞轮属于蓄能元件，一般采用＿＿＿＿＿成形。

（5）锻造方法包括＿＿＿＿、＿＿＿＿和＿＿＿＿。其中＿＿＿＿的精度最高。

（6）20 钢的锻造性能比 T10 钢＿＿＿＿＿。

（7）砂型铸造中，单件小批生产一般选择＿＿＿＿造型方法，大批大量生产一般采用＿＿＿＿造型方法。

（8）常用的毛坯成形方法有＿＿＿＿、＿＿＿＿、＿＿＿＿、＿＿＿＿和＿＿＿＿等。

（9）台阶轴单件小批生产时一般采用＿＿＿＿＿＿，成批大量生产一般采用＿＿＿＿＿。

（10）大批量生产垫圈一般采用＿＿＿＿＿成形。

4. 简答题

（1）模锻的设备有哪些？其特点及应用范围如何？

（2）试比较砂型铸造、金属型铸造、熔模铸造在工件材料和适宜的尺寸要求方面的差异。

（3）按形状特征和用途不同，常用机械零件分为哪些主要类型？简述各类零件常用的毛坯类型及生产方法。

（4）金属的铸造性能、锻造性能和焊接性能各指什么？

第二部分

机械零件毛坯设计指导

　　毛坯的结构设计、成形工艺等合理与否，对零件质量、金属消耗、机械加工余量、生产率和加工过程有直接的影响。常见的毛坯种类包括铸件、锻件、冲压件、型材、焊接件等，每类又有若干种不同的制造方法。毛坯成形工艺的选择见本书第7章。本部分的主要内容是依据零件的材料、技术要求和生产类型等条件，确定毛坯种类、形状、尺寸及制造精度等，完成毛坯图的设计与绘制。

第8章 铸件设计指导及实例

8.1 铸件的机械加工余量、公称尺寸及公差

8.1.1 基本概念

① 铸件公称尺寸。铸件公称尺寸是机械加工前的毛坯铸件的设计尺寸，包括必要的机械加工余量（图 8-1）。

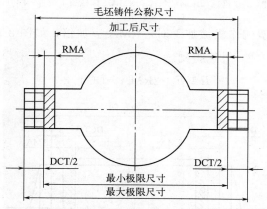

图 8-1 铸件尺寸公差与极限尺寸

② 铸件尺寸公差（DCT）。铸件尺寸公差为铸件尺寸的允许变动量。公差等于最大极限尺寸与最小极限尺寸之差的绝对值；也等于上偏差与下偏差之差的绝对值。

③ 机械加工余量（RMA）。在毛坯铸件上为了随后可用机械加工方法去除铸造对金属表面的影响，并使之达到所要求的表面特征和必要的尺寸精度而留出的金属余量。在考虑铸件尺寸公差的情况下，RMA 为最小机械加工

余量。

④ 铸件公称尺寸的计算。毛坯铸件的公称尺寸 R 可由机械加工后的尺寸 F、机械加工余量 RMA 和铸件尺寸公差 DCT 计算得到。在默认条件下，铸件的尺寸公差应相对于公称尺寸对称设置，即一半为正，另一半为负。

对铸件外表面单侧作机械加工时，如图 8-2 所示，铸件公称尺寸 R 可由公式 (8-1) 计算得到。

$$R = F + \text{RMA} + \text{DCT}/2 \qquad (8\text{-}1)$$

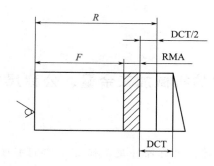

图 8-2　铸件外表面单侧作机械加工

R—铸件公称尺寸；F—机械加工后的尺寸；RMA—机械加工余量；DCT—铸件尺寸公差

对铸件外表面双侧作机械加工时，RMA 应加倍，如图 8-3 所示，铸件公称尺寸 R 可由公式 (8-2) 计算得到。

$$R = F + 2\text{RMA} + \text{DCT}/2 \qquad (8\text{-}2)$$

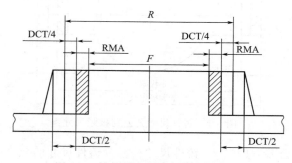

图 8-3　铸件外表面双侧作机械加工

R—铸件公称尺寸；F—机械加工后的尺寸；RMA—机械加工余量；DCT—铸件尺寸公差

对铸件内表面双侧作机械加工时，如图 8-4 所示，铸件公称尺寸 R 可由公式 (8-3) 计算得到。

$$R = F - 2\text{RMA} - \text{DCT}/2 \qquad (8\text{-}3)$$

对铸件台阶尺寸两同侧表面作机械加工时，如图 8-5 所示，铸件公称尺寸 R

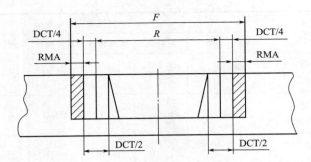

图 8-4 铸件内表面双侧作机械加工

R—铸件公称尺寸；F—机械加工后的尺寸；RMA—机械加工余量；DCT—铸件尺寸公差

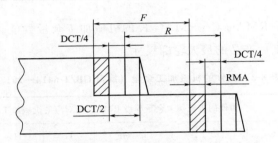

图 8-5 铸件台阶尺寸两同侧表面作机械加工

R—铸件公称尺寸；F—机械加工后的尺寸；

RMA—机械加工余量；DCT—铸件尺寸公差

可由公式（8-4）计算得到。

$$R = F \tag{8-4}$$

以上计算公式是在铸件尺寸公差对称分布的情况下给出的，如果铸件的尺寸公差不对称分布，则以此计算方法为基础作相应调整即可。

8.1.2 机械加工余量的确定

除非另有规定，机械加工余量适用于整个毛坯铸件，即对所有需机械加工的表面只规定一个值，且该值应根据最终机械加工后成品铸件的最大轮廓尺寸，结合铸件的机械加工余量等级在相应的数值表中选取。铸件某一部位在铸态下的最大尺寸应不超过成品尺寸与要求的加工余量及铸造总公差之和。

铸件的机械加工余量等级分 10 级，分别为 RMAG A～RMAG K。等级 A 和等级 B 只适用于特殊情况。推荐用于各种铸造合金及铸造方法的机械加工余量等级见表 8-1。

表 8-1　铸件的机械加工余量等级（摘自 GB/T 6414—2017）

方法	机械加工余量等级					
	钢	灰铸铁	球墨铸铁	可锻铸铁	铜合金	锌合金
砂型铸造 手工造型	G～J	F～H	F～H	F～H	F～H	F～H
砂型铸造 机器造型和壳型	F～H	E～G	E～G	E～G	E～G	E～G
金属型 （重力铸造和低压铸造）	—	D～F	D～F	D～F	D～F	D～F
压力铸造	—	—	—	—	B～D	B～D
熔模铸造	E	E	E	—	E	—

表 8-2 列出了 RMAG C～RMAG K 的机械加工余量数值。表中铸件公称尺寸取最终机械加工后产品的最大轮廓尺寸。

表 8-2　铸件的机械加工余量（摘自 GB/T 6414—2017）　　　　　mm

铸件公称尺寸		铸件的机械加工余量等级 RMAG 及对应的机械加工余量 RMA							
大于	至	C	D	E	F	G	H	J	K
—	40	0.2	0.3	0.4	0.5	0.5	0.7	1	1.4
40	63	0.3	0.3	0.4	0.5	0.7	1	1.4	2
63	100	0.4	0.5	0.7	1	1.4	2	2.8	4
100	160	0.5	0.8	1.1	1.5	2.2	3	4	6
160	250	0.7	1	1.4	2	2.8	4	5.5	8
250	400	0.9	1.3	1.4	2.5	3.5	5	7	10
400	630	1.1	1.5	2.2	3	4	6	9	12

8.1.3　铸件尺寸公差等级（DCTG）和尺寸公差（DCT）的确定

（1）铸件尺寸公差等级

铸件尺寸公差等级共分 16 级，标记为 DCTG1～DCTG16，常用的为 DCTG4～DCTG13。

表 8-3 给出了各种铸造方法大批量生产时铸件通常能够达到的公差等级。通过精心调整和控制型芯的位置，可达到比表中更精的公差等级。

表 8-3　大批量生产的毛坯铸件的尺寸公差等级（摘自 GB/T 6414—2017）

方法	铸件尺寸公差等级 DCTG					
	钢	灰铸铁	球墨铸铁	可锻铸铁	铜合金	锌合金
砂型铸造 手工造型	11～13	11～13	11～13	11～13	10～13	10～13
砂型铸造 机器造型和壳型	8～12	8～12	8～12	8～12	8～10	8～10
金属型 （重力铸造和低压铸造）	—	8～10	8～10	8～10	8～10	7～9
压力铸造	—	—	—	—	6～8	4～6
熔模铸造　水玻璃	7～9	7～9	7～9	—	5～8	—
熔模铸造　硅溶胶	4～6	4～6	4～6	—	4～6	—

单件、小批量生产的铸件尺寸公差较宽，表 8-4 给出了各种铸造方法单件、小批量生产时铸件通常能够达到的公差等级。

表 8-4　单件、小批量生产的毛坯铸件的尺寸公差等级（摘自 GB/T 6414—2017）

方法	造型材料	铸件尺寸公差等级 DCTG					
		钢	灰铸铁	球墨铸铁	可锻铸铁	铜合金	轻金属合金
砂型铸造 手工造型	黏土砂	13～15	13～15	13～15	13～15	13～15	11～13
	化学黏结剂砂	12～14	11～13	11～13	11～13	10～12	10～12

注：表中的数值一般适用于公称尺寸大于25mm的铸件。对于较小尺寸的铸件，通常能保证下列较精的尺寸公差：

① 公称尺寸≤10mm：精度等级提高三级；

② 10mm＜公称尺寸≤16mm：精度等级提高二级；

③ 16mm＜公称尺寸≤25mm：精度等级提高一级。

（2）铸件尺寸公差数值

表 8-5 列出了铸件的尺寸公差数值。

表 8-5　铸件尺寸公差（摘自 GB/T 6414—2017）　　　　mm

公称尺寸		铸件尺寸公差等级（DCTG）及相应的线性尺寸公差值									
大于	至	DCTG 4	DCTG 5	DCTG 6	DCTG 7	DCTG 8	DCTG 9	DCTG 10	DCTG 11	DCTG 12	DCTG 13
—	10	0.26	0.36	0.52	0.74	1	1.5	2	2.8	4.2	
10	16	0.28	0.38	0.54	0.78	1.1	1.6	2.2	3.0	4.4	
16	25	0.30	0.42	0.58	0.82	1.2	1.7	2.4	3.2	4.6	6

公称尺寸		铸件尺寸公差等级（DCTG）及相应的线性尺寸公差值									
大于	至	DCTG 4	DCTG 5	DCTG 6	DCTG 7	DCTG 8	DCTG 9	DCTG 10	DCTG 11	DCTG 12	DCTG 13
25	40	0.32	0.46	0.64	0.9	1.3	1.8	2.6	3.6	5	7
40	63	0.36	0.50	0.70	1	1.4	2	2.8	4	5.6	8
63	100	0.40	0.56	0.78	1.1	1.6	2.2	3.2	4.4	6	9
100	160	0.44	0.62	0.88	1.2	1.8	2.5	3.6	5	7	10
160	250	0.50	0.72	1	1.4	2	2.8	4	5.6	8	11
250	400	0.56	0.78	1.1	1.6	2.2	3.2	4.4	6.2	9	12
400	630	0.64	0.9	1.2	1.8	2.6	3.6	5	7	10	14

注：1. 在等级 DCTG4～DCTG13 中对壁厚采用粗一级公差；

2. 对于不超过 16mm 的尺寸，不采用 DCTG13～DCTG16 的一般公差，对于这些尺寸应标注个别尺寸。

8.1.4 在图样上的标注

（1）铸件一般尺寸公差的标注

铸件的一般尺寸公差应按下列方式标注在图样上：

① 用公差代号统一标注，例如 GB/T 6414-DCTG12。

② 如果需要可在公称尺寸后面标注个别公差，例如"95 ± 3"或"200^{+5}_{-3}"。

（2）机械加工余量的标注

机械加工余量应按下列方式标注在图样上：

① 用公差和机械加工余量代号统一标注。例如，对于最大尺寸范围为大于 400mm，小于或等于 630mm，机械加工余量为 6mm（加工余量等级为 H）的铸件，其一般公差采用 GB/T 6414-DCTG12 的通用公差，可以标注为

GB/T 6414-DCTG12—RMA6（RMAGH）

注：允许在图样上直接标注出加工余量值。

② 在铸件的表面需要局部的加工余量时，则应单独标注在图样的特定表面上，如图 8-6 所示。

图 8-6 特定表面上机械加工余量的标注

8.2 铸件结构设计

毛坯形状应力求接近成品形状，以减少机械加工量。当毛坯类型为铸件或锻件时，在确定毛坯形状时有以下一些常见问题要注意。

（1）最小铸出孔及槽

铸件上的孔过小过深，当铸件的壁厚较大或铸造压力较高时，铸件易产生黏砂，造成清理和机械加工的困难，因此必须对最小孔径及孔深加以限制。砂型铸造的最小铸孔尺寸见表8-6。对于零件图上不要求加工的孔、槽，无论尺寸大小，一般都应铸出来。较小孔、槽，或者铸件壁很厚，以及有位置精度的中小孔，则不宜铸孔。

表 8-6　最小铸孔尺寸

生产类型	最小铸孔直径/mm	
	灰铸铁	铸钢件
大量生产	$\phi12\sim15$	—
成批生产	$\phi15\sim30$	$\phi30\sim50$
单件、小批生产	$\phi30\sim50$	$\phi50$

（2）铸件的最小壁厚和最大临界壁厚

铸件的壁厚过薄，易产生冷隔或浇不足等缺陷。为此，需限制铸件的最小壁厚（其大小是由合金的种类、铸造方法和铸件尺寸等决定的）。表8-7是砂型铸造和金属型铸造所允许的最小壁厚。

表 8-7　铸件允许的最小壁厚　　　　　　　　　　　mm

铸型种类	铸件尺寸	铸钢	灰铸铁	球墨铸铁	可锻铸铁	铜合金	铝合金
砂型	<200×200	6～8	5～6	6	4～5	3～5	3
	200×200～500×500	10～12	6～10	12	5～8	6～8	4
	>500×500	18～20	15～25	—	—	—	5～7
金属型	<70×70	5	4	—	2.5～3.5	3	2～3
	70×70～150×150		5	—	3.5～4.5	4～5	4
	>150×150	10	6	—	—	6～8	5

注：1. 结构复杂的铸件及灰铸铁牌号较高时，选取偏大值；

2. 特大型铸件允许的最小壁厚可以适当增加。

铸件壁也不宜过厚，否则易产生晶粒粗大、缩孔和缩松等缺陷，因此需要限制其最大壁厚。最大临界壁厚大约是其最小壁厚的 3 倍。当壁的承载能力不足时，可在脆弱部分安置加强肋。铸件加强肋的截面尺寸及形状见表 8-8。

表 8-8　铸件加强肋的截面尺寸及形状

中部的肋		两边的肋	
 	$H \leqslant 5\delta$ $a = 0.8\delta$（若是铸件内部的肋，则 $a \approx 0.6\delta$） $R = 1.3\delta$ $r = 0.5\delta$	 	$H \leqslant 5\delta$ $a = \delta$ $R = 1.25\delta$ $r = 0.3\delta$ $r_1 = 0.25\delta$

（3）铸件浇铸位置及分型面

铸件的重要加工面或主要工作面一般应处于底面或侧面，避免气孔、砂眼、缩孔和缩松等缺陷出现在工作面上；大平面尽可能朝下或采用倾斜浇铸，避免夹砂或夹渣缺陷；铸件的薄壁部分放在下部或侧面，以免产生浇不足的情况。分型面的选择则影响铸件质量、铸造工艺的复杂度，因此应在保证铸件质量的前提下，尽量简化工艺。

（4）铸件的起模斜度

为使模样容易从铸型中取出或型芯自芯盒脱出，平行于起模方向在模样或芯盒壁上的斜度。常见起模斜度如表 8-9 所示。

表 8-9　铸件起模斜度（摘自 JB/T 5105—2022）

测量面高度 /mm	起模斜度，≤							
	外表面				内表面			
	金属模样、塑料模样		木模样		金属模样、塑料模样		木模样	
	黏土砂	自硬砂	黏土砂	自硬砂	黏土砂	自硬砂	黏土砂	自硬砂
≤10	2°20′	3°30′	2°30′	4°00′	4°35′	5°15′	5°0′	6°00′
>10～40	1°10′	1°50′	1°10′	1°50′	2°20′	2°45′	2°30′	2°45′
>40～100	0°30′	0°50′	0°30′	0°50′	1°10′	1°15′	1°10′	1°15′
>100～160	0°25′	0°35′	0°25′	0°35′	0°45′	0°55′	0°50′	0°55′
>160～250	0°20′	0°35′	0°20′	0°30′	0°40′	0°45′	0°40′	0°45′

注：1. 当凹处过深时，可用活块或砂芯形成；

2. 对于起模困难的模样，允许采用较大的起模斜度，但不应超过表中规定数值的 1 倍；

3. 芯盒的起模斜度可参考本表。

起模斜度有三种方法获得，即增加壁厚法、加减壁厚法和减小壁厚法。增加壁厚法常用于壁厚小于 8mm 的侧面，加减壁厚法常用于壁厚 8～12mm 的侧面，减少壁厚法常用于壁厚大于 12mm 的侧面。另外，铸件的加工面为防止余量不足，一般采用增加壁厚法；与其他零件配合的非加工面，一般采用减小壁厚法或加减壁厚法。

（5）铸件圆角半径

铸件壁部连接处的转角应有铸造圆角。壁厚不大于 25mm 且直角连接时，铸造内圆角半径一般取壁厚的 0.2～0.4，计算后圆整为 4mm、6mm、8mm、10mm，外圆角半径可取为 2mm，详见《铸造内圆角》（JB/ZQ 4255—2006）、《铸造外圆角》（JB/ZQ 4256—2006）。同一铸件的圆角半径大小应尽量相同或接近。

（6）铸件的最小凸台高度

当尺寸不大于 180mm 时，灰铸铁件的最小凸台高度为 4mm，铸钢件的最小凸台高度为 5mm。

8.3　铸件图的绘制

（1）毛坯图的内容

铸件的毛坯图一般包括铸造毛坯的材料及规格、尺寸及其公差、加工余量、起模斜度、铸造圆角、分型面、浇冒口残存位置、工艺基准、合金牌号、铸造方法、铸造精度等级、铸件的检验等级、铸件的交货状态、热处理强度及其他技术要求。也可在毛坯图上注明简化后的成品轮廓及成品尺寸，绘制成零件-毛坯综合图。

（2）毛坯图的绘制方法

① 用粗实线表示毛坯表面轮廓。如需直观表达机械加工余量等信息，可以双点画线表示简化了次要细节的切削加工后的表面，在剖视图上可用交叉线表示加工余量。

② 为表达清楚毛坯某些内腔、孔、槽等内部结构，可画出必要的剖视图、剖面图。对于由实体上加工出来的槽和孔，不必专门剖切，因为毛坯图只要求表达清楚毛坯的结构。

③ 在毛坯图上注有零件检验的主要尺寸及其公差，次要尺寸可不标注公差。

④ 可在毛坯尺寸后注明成品尺寸，并将成品尺寸加括号。

⑤ 在毛坯图上注有材料规格及必要的技术要求。

8.4　铸件设计实例

图 8-7 所示的支架零件，材料为 HT200，年产量 6000 件。该零件质量约 5.1kg，技术要求如图所示，采用铸造方法生产。请设计并绘制此支架的毛坯图。

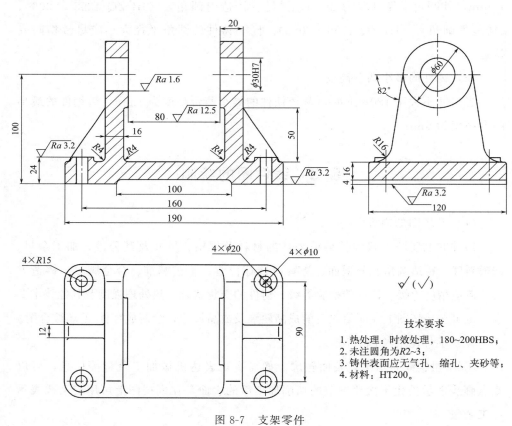

技术要求

1. 热处理：时效处理，180~200HBS；
2. 未注圆角为 R2~3；
3. 铸件表面应无气孔、缩孔、夹砂等；
4. 材料：HT200。

图 8-7　支架零件

（1）选择铸造方法

根据年产量 6000 件和零件质量 5.1kg 可知，其生产类型属于大批生产。可采用砂型铸造金属模机器造型。选择沿 110mm 凹槽底面分型，底面朝上浇注。

（2）确定机械加工余量

① 最大轮廓尺寸。根据零件图计算轮廓尺寸，长 190mm，宽 90mm，高 130mm，则最大轮廓尺寸为 190mm。

② 机械加工余量等级（RMAG）。其铸造方法为砂型铸造机器造型，铸件材料为灰铸铁，查表 8-1 得其机械加工余量等级范围为 E～G 级，取 F 级。

③ 机械加工余量（RMA）。对所有加工表面取同一个数值。其最大轮廓尺寸为 190mm、机械加工余量等级为 F 级，查表 8-2 得其 RMA 数值为 2mm。底面朝上，其机械加工余量等级低一级，取 G 级，底面的 RMA 数值为 2.8mm。

（3）确定铸件尺寸公差

① 选取公差等级 DCTG。其铸造方法为砂型铸造机器造型，铸件材料为灰铸铁，查表 8-3 得其公差等级 DCTG 范围为 8～12 级，选择 11 级。

② 铸件尺寸公差数值。根据加工面的公称尺寸和铸件公差等级 DCTG11，查表 8-5 得其公差带相对于公称尺寸对称分布。

（4）确定铸件尺寸

4×φ10mm 孔，查表 8-6，小于最小铸孔，应铸成实心。

尺寸 80mm 双侧面属于内表面双侧加工，毛坯公称尺寸应由式（8-3）求出，即

$$R=F-2RMA-DCT/2=80-2\times2-4.4/2=73.8(mm)$$

φ30mm 孔属于内表面双侧加工，毛坯公称尺寸应由式（8-3）求出，即

$$R=F-2RMA-DCT/2=30-2\times2-3.6/2=24.2(mm)$$

底面属于单侧加工，毛坯公称尺寸由式（8-1）求出，即

$$R=F+RMA+DCT/2=100+2.8+4.4/2=105(mm)$$

4×φ10mm 孔端面属于单侧加工，毛坯公称尺寸由式（8-1）求出，同时需加上底面的公称毛坯余量，即

$$R=F+RMA+DCT/2=(24+5)+2+3.2/2=32.6(mm)$$

支架铸件毛坯尺寸公差与加工余量见表 8-10。

（5）设计铸件图

① 确定铸件浇铸位置及分型面。大批生产，砂型铸造机器造型，由于机器造型难以使用活块，轴孔内凸台应采用型芯成形，同时考虑模板制造成本，可沿 110mm 凹槽底面分型，底面朝上浇注。

表 8-10　支架铸件毛坯尺寸公差与加工余量　　　　　　　　　　mm

项目	80 两侧面	$\phi30$ 孔	底面	4×ϕ10 孔端面	4×ϕ10 孔
加工面公称尺寸	80	$\phi30$	100	24	—
机械加工余量等级 RMAG	F	F	G	F	—
机械加工余量 RMA	2	2	2.8	2	—
公差等级 DCTG	11	11	11	11	—
铸件尺寸公差 DCT	4.4	3.6	4.4	3.2	—
毛坯公称尺寸	73.8	$\phi24.2$	105	32.6	0

② 确定铸件的起模斜度。采用金属模样、黏土砂机器造型，根据模样立壁高度 110mm，查表 8-9，起模斜度取 25′。

③ 确定铸件圆角半径。铸件壁厚为 16mm，直角连接，内圆角取 R4mm，外圆角取 R2mm。

图 8-8 为设计的支架铸件图。

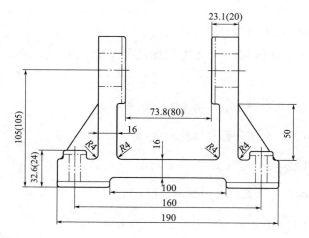

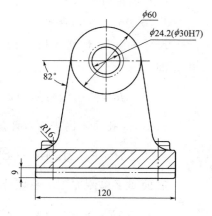

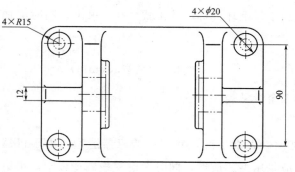

技术要求

1. 毛坯铸件尺寸公差等级为 DCTG11 级；
2. 热处理：时效处理，180~200HBS；
3. 未注明铸造圆角为 R2~3，起模斜度25′；
4. 铸件表面应无气孔、缩孔、夹砂等；
5. 材料：HT200。

图 8-8　支架铸件图

第**9**章　锻件设计指导及实例

9.1　钢质模锻件尺寸公差与毛坯余量

9.1.1　范围

本标准适用于模锻锤、热模锻压力机、螺旋压力机和平锻机等锻压设备生产的结构钢模锻件（以下简称"锻件"）。其他钢种的锻件亦可参照使用。本标准适用于质量小于或等于500kg、长度（最大尺寸）小于或等于2500mm的锻件。

9.1.2　公差及机械加工余量等级

① 本标准中公差分为普通级和精密级。普通级公差适用于一般模锻工艺能够达到技术要求的锻件；精密级公差适用于有较高技术要求的锻件。精密级公差可用于某一锻件的全部尺寸，也可用于局部尺寸。

② 机械加工余量只采用一级。

9.1.3　技术内容

（1）确定锻件公差和机械加工余量的主要因素

① 锻件质量 m_f。锻件质量的估算按下列程序进行：

零件图基本尺寸→估计机械加工余量→绘制锻件图→估算锻件质量，并按此质量查表确定公差和机械加工余量。

② 锻件形状复杂系数 S。锻件形状复杂系数是锻件质量 m_f 与相应的锻件外廓包容体质量 m_N 之比

$$S = m_f / m_N \tag{9-1}$$

锻件外廓包容体质量 m_N 为以包容锻件最大轮廓的圆柱体或长方体作为实体

的计算质量。圆形锻件外廓包容体（图 9-1）按式（9-2）计算。

$$m_N = \frac{\pi d^2 h \rho}{4} \qquad\qquad (9\text{-}2)$$

式中，ρ 为钢材密度，取 7.85g/cm^3。

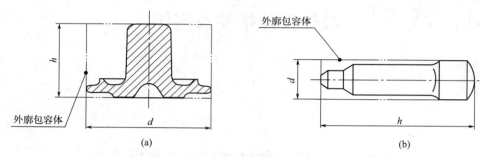

图 9-1　圆形锻件外廓包容体

非圆形锻件外廓包容体（图 9-2）按式（9-3）计算。

$$m_N = lbh\rho \qquad\qquad (9\text{-}3)$$

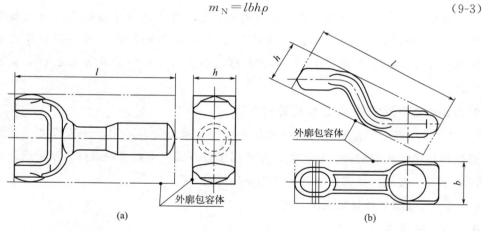

图 9-2　非圆形锻件外廓包容体

根据 S 值的大小，锻件形状复杂系数分为 4 级：

S_1 级（简单）：$0.63 < S \leqslant 1$；

S_2 级（一般）：$0.32 < S \leqslant 0.63$；

S_3 级（较复杂）：$0.16 < S \leqslant 0.32$；

S_4 级（复杂）：$0 < S \leqslant 0.16$。

特殊情况：

a. 当锻件形状为薄圆盘或法兰件（图 9-3），且圆盘厚度和直径比 $t/d \leqslant 0.2$ 时，采用 S_4 级；在选取公差时，锻件质量只考虑直径为 d、厚度为 t 的圆柱体

第二部分　机械零件毛坯设计指导

部分的质量；如果此特殊规则选取的公差小于按一般规则选取的公差，则按一般规则选取公差。

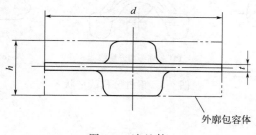

图 9-3　法兰件

b. 当平锻件 $t_1/d_1 \leqslant 0.2$ 或 $t_2/d_2 \geqslant 4$ 时，采用 S_4 级（图 9-4）；在选取相关特征的尺寸公差时，锻件质量只考虑直径为 d_1、厚度为 t_1 的圆柱体部分的质量；如果此特殊规则选取的公差小于按一般规则选取的公差，则以一般规则选取的公差为准。

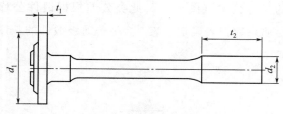

图 9-4　平锻件

c. 平锻件冲孔深度大于直径 1.5 倍时，形状复杂系数提高一级。

③ 锻件材质系数 M。锻件材质系数分为两级：M_1 和 M_2。

M_1 级：最高含碳量小于 0.65% 的碳素钢或合金元素总含量小于 3% 的合金钢。

M_2 级：最高含碳量大于或等于 0.65% 的碳素钢或合金元素总含量大于或等于 3% 的合金钢。

④ 锻件分模线形状。锻件分模线形状分为两类：a. 平直分模线或对称弯曲分模线 [图 9-5(a)、(b)]；b. 不对称弯曲分模线 [图 9-5(c)]。

⑤ 零件表面粗糙度。零件表面粗糙度是确定锻件加工余量的重要参数。本标准按轮廓算术平均偏差 Ra 数值大小分为两类：$Ra \geqslant 1.6\mu m$；$Ra < 1.6\mu m$。

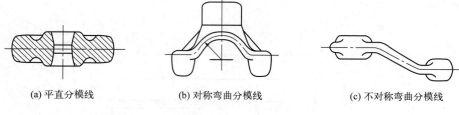

| (a) 平直分模线 | (b) 对称弯曲分模线 | (c) 不对称弯曲分模线 |

图 9-5　锻件分模线形状

（2）机械加工余量

锻件机械加工余量根据估算锻件质量、零件表面粗糙度及形状复杂系数由表 9-1、表 9-2 确定。对于扁薄截面或锻件相邻部位截面变化较大的部分，应适当增大局部余量。

（3）锻件公差

① 长度、宽度和高度尺寸公差。

a. 长度、宽度和高度尺寸公差是指在分模线一侧同一块模具上沿长度、宽度、高度方向上的尺寸公差（图 9-6）。此类公差根据锻件公称尺寸、质量、形状复杂系数以及材质系数查表确定。表 9-3 是普通级锻件的长度、宽度、高度公差及允许偏差。

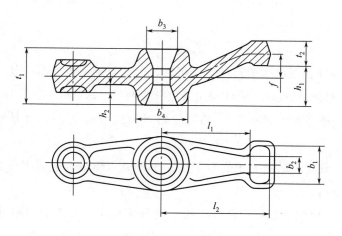

图 9-6　锻件尺寸表示方法

l_1，l_2—长度方向尺寸；b_1，b_2，b_3，b_4—宽度方向尺寸；h_1，h_2—高度方向尺寸；
f—落差尺寸；t_1，t_2—跨越分模线的厚度尺寸

表 9-1 锻件内外表面加工余量（摘自 GB/T 12362—2016）

锻件质量/kg		零件表面粗糙度Ra/μm	形状复杂系数	单边余量/mm				
					水平方向			
				厚度方向	大于 0	315	400	630
大于	至	>1.6, ≤1.6,	$S_1 S_2 S_3 S_4$		至 315	400	630	800
0	0.4			1.0~1.5	1.0~1.5	1.5~2.0	2.0~2.5	
0.4	1.0			1.5~2.0	1.5~2.0	1.5~2.0	2.0~2.5	2.0~3.0
1.0	1.8			1.5~2.0	1.5~2.0	1.5~2.0	2.0~2.7	2.0~3.0
1.8	3.2			1.7~2.2	1.7~2.2	2.0~2.5	2.0~2.7	2.0~3.0
3.2	5.6			1.7~2.2	1.7~2.2	2.0~2.5	2.0~2.7	2.5~3.5
5.6	10			2.0~2.2	2.0~2.2	2.0~2.5	2.3~2.0	2.5~3.5
10	20			2.0~2.5	2.0~2.5	2.0~2.7	2.3~3.0	2.5~3.5
				2.3~3.0	2.3~3.0	2.3~3.0	2.5~3.5	2.7~4.0
				2.5~3.2	2.5~3.5	2.5~3.5	2.5~3.5	2.7~4.0

注：当锻件质量为 3kg，零件表面粗糙度 $Ra=3.2\mu m$，形状复杂系数为 S_3，长度为 480mm 时，查出该锻件余量是：厚度方向为 1.7~2.2mm，水平方向为 2.0~2.7mm。

表 9-2 锻件内孔直径的单面机械加工余量（摘自 GB/T 12362—2016） mm

孔径		孔深				
大于	至	大于 0	63	100	140	200
		至 63	100	140	200	280
—	25	2.0	—	—	—	—
25	40	2.0	2.6	—	—	—
40	63	2.0	2.6	3.0	—	—
63	100	2.5	3.0	3.0	4.0	—
100	160	2.6	3.0	3.4	4.0	4.6
160	250	3.0	3.0	3.4	4.0	4.6
250	—	3.4	3.4	4.0	4.6	5.2

b. 落差（图 9-6 中 f）尺寸公差是高度尺寸公差的一种形式，其数值比相应

高度尺寸公差放宽一挡，上、下偏差值按±1/2 比例分配。

c.孔径尺寸公差按孔径尺寸由表 9-3 确定公差值。其上、下偏差按 +1/4、−3/4 比例分配。

表 9-3 锻件的长度、宽度、高度公差及允许偏差（普通级）

（摘自 GB/T 12362—2016） mm

锻件质量/kg		材质系数	形状复杂系数	锻件基本尺寸				
大于	至	M_1 M_2	S_1 S_2 S_3 S_4	大于 0 至 30	30 80	80 120	120 180	180 315
				公差值及极限偏差				
0	0.4			$1.1^{+0.8}_{-0.3}$	$1.2^{+0.8}_{-0.4}$	$1.4^{+1.0}_{-0.4}$	$1.6^{+1.1}_{-0.5}$	$1.8^{+1.2}_{-0.6}$
0.4	1.0			$1.2^{+0.8}_{-0.4}$	$1.4^{+1.0}_{-0.4}$	$1.6^{+1.1}_{-0.5}$	$1.8^{+1.2}_{-0.6}$	$2.0^{+1.4}_{-0.6}$
1.0	1.8			$1.4^{+1.0}_{-0.4}$	$1.6^{+1.1}_{-0.5}$	$1.8^{+1.2}_{-0.6}$	$2.0^{+1.4}_{-0.6}$	$2.2^{+1.5}_{-0.7}$
1.8	3.2			$1.6^{+1.1}_{-0.5}$	$1.8^{+1.2}_{-0.6}$	$2.0^{+1.4}_{-0.6}$	$2.2^{+1.5}_{-0.7}$	$2.5^{+1.7}_{-0.8}$
3.2	5.6			$1.8^{+1.2}_{-0.6}$	$2.0^{+1.4}_{-0.6}$	$2.2^{+1.5}_{-0.7}$	$2.5^{+1.7}_{-0.8}$	$2.8^{+1.9}_{-0.9}$
5.6	10			$2.0^{+1.4}_{-0.6}$	$2.2^{+1.5}_{-0.7}$	$2.5^{+1.7}_{-0.8}$	$2.8^{+1.9}_{-0.9}$	$3.2^{+2.1}_{-1.1}$
10	20			$2.2^{+1.5}_{-0.7}$	$2.5^{+1.7}_{-0.8}$	$2.8^{+1.9}_{-0.9}$	$3.2^{+2.1}_{-1.1}$	$3.6^{+2.4}_{-1.2}$
				$2.5^{+1.7}_{-0.8}$	$2.8^{+1.9}_{-0.9}$	$3.2^{+2.1}_{-1.1}$	$3.6^{+2.4}_{-1.2}$	$4.0^{+2.7}_{-1.3}$
				$2.8^{+1.9}_{-0.9}$	$3.2^{+2.1}_{-1.1}$	$3.6^{+2.4}_{-1.2}$	$4.0^{+2.7}_{-1.3}$	$4.5^{+3.0}_{-1.5}$
				$3.2^{+2.1}_{-1.1}$	$3.6^{+2.4}_{-1.2}$	$4.0^{+2.7}_{-1.3}$	$4.5^{+3.0}_{-1.5}$	$5.0^{+3.3}_{-1.7}$
				$3.6^{+2.4}_{-1.2}$	$4.0^{+2.7}_{-1.3}$	$4.5^{+3.0}_{-1.5}$	$5.0^{+3.3}_{-1.7}$	$5.6^{+3.8}_{-1.8}$
				$4.0^{+2.7}_{-1.3}$	$4.5^{+3.0}_{-1.5}$	$5.0^{+3.3}_{-1.7}$	$5.6^{+3.8}_{-1.8}$	$6.3^{+4.2}_{-2.1}$

注：1.锻件的高度或台阶尺寸及中心到边缘尺寸公差按±1/2 的比例分配，长度、宽度尺寸的上、下偏差按 +2/3、−1/3 的比例分配。

2.内表面尺寸的允许偏差，其正负符号与表中相反。

3.锻件质量 6kg，材质系数为 M_1，形状复杂系数为 S_2，尺寸为 160mm，平直分模线时查法。

② 厚度尺寸公差。厚度尺寸公差指跨越分模线的厚度尺寸的公差（图 9-6 中 t_1、t_2）。锻件所有厚度尺寸取同一公差，普通级锻件的厚度尺寸公差数值按锻件最大厚度尺寸由表 9-4 确定。

③ 中心距公差。对于平面直线分模且位于同一块模具内的中心距公差由表 9-5 确定。弯曲轴线及其他类型锻件的中心距公差由供需双方商定。中心距公差与其他公差无关。

表 9-4　锻件厚度公差（普通级）（摘自 GB/T 12362—2016）　　　　mm

锻件质量/kg 大于	至	材质系数 M_1 M_2	形状复杂系数 S_1 S_2 S_3 S_4	锻件厚度尺寸 大于 0 至 18	大于 18 至 30	大于 30 至 50	大于 50 至 80	大于 80 至 120
				公差值及极限偏差				
0	0.4			$1.0^{+0.8}_{-0.2}$	$1.1^{+0.8}_{-0.3}$	$1.2^{+0.9}_{-0.3}$	$1.4^{+1.0}_{-0.4}$	$1.6^{+1.2}_{-0.4}$
0.4	1.0			$1.1^{+0.8}_{-0.3}$	$1.2^{+0.9}_{-0.3}$	$1.4^{+1.0}_{-0.4}$	$1.6^{+1.2}_{-0.4}$	$1.8^{+1.4}_{-0.4}$
1.0	1.8			$1.2^{+0.9}_{-0.3}$	$1.4^{+1.0}_{-0.4}$	$1.6^{+1.2}_{-0.4}$	$1.8^{+1.4}_{-0.4}$	$2.0^{+1.5}_{-0.5}$
1.8	3.2			$1.4^{+1.0}_{-0.4}$	$1.6^{+1.2}_{-0.4}$	$1.8^{+1.4}_{-0.4}$	$2.0^{+1.5}_{-0.5}$	$2.2^{+1.7}_{-0.5}$
3.2	5.6			$1.6^{+1.2}_{-0.4}$	$1.8^{+1.4}_{-0.4}$	$2.0^{+1.5}_{-0.5}$	$2.2^{+1.7}_{-0.5}$	$2.5^{+2.0}_{-0.5}$
5.6	10			$1.8^{+1.4}_{-0.4}$	$2.0^{+1.5}_{-0.5}$	$2.2^{+1.7}_{-0.5}$	$2.5^{+2.0}_{-0.5}$	$2.8^{+2.1}_{-0.7}$
10	20			$2.0^{+1.5}_{-0.5}$	$2.2^{+1.7}_{-0.5}$	$2.5^{+2.0}_{-0.5}$	$2.8^{+2.1}_{-0.7}$	$3.2^{+2.4}_{-0.8}$
				$2.2^{+1.7}_{-0.5}$	$2.5^{+2.0}_{-0.5}$	$2.8^{+2.1}_{-0.7}$	$3.2^{+2.4}_{-0.8}$	$3.6^{+2.7}_{-0.9}$
				$2.5^{+2.0}_{-0.5}$	$2.8^{+2.1}_{-0.7}$	$3.2^{+2.4}_{-0.8}$	$3.6^{+2.7}_{-0.9}$	$4.0^{+3.0}_{-1.0}$
				$2.8^{+2.1}_{-0.7}$	$3.2^{+2.4}_{-0.8}$	$3.6^{+2.7}_{-0.9}$	$4.0^{+3.0}_{-1.0}$	$4.5^{+3.4}_{-1.1}$
				$3.2^{+2.4}_{-0.8}$	$3.6^{+2.7}_{-0.9}$	$4.0^{+3.0}_{-1.0}$	$4.5^{+3.4}_{-1.1}$	$5.0^{+3.8}_{-1.2}$
				$3.6^{+2.7}_{-0.9}$	$4.0^{+3.0}_{-1.0}$	$4.5^{+3.4}_{-1.1}$	$5.0^{+3.8}_{-1.2}$	$5.6^{+4.2}_{-1.4}$

注：1. 上、下偏差按 +3/4、−1/4 比例分配，若有需要也可以按 +2/3、−1/3 比例分配。

2. 锻件质量 3kg，材质系数为 M_1，形状复杂系数为 S_3，最大厚度尺寸为 45mm 时的查法。

表 9-5　锻件的中心距公差（摘自 GB/T 12362—2016）　　　　　mm

中心距	大于	0	30	80	120	180	250
	至	30	80	120	180	250	315
一般锻件 有一道校正或精压工序 同时有校正及精压工序							
极限 偏差	普通级	±0.3	±0.4	±0.5	±0.6	±0.8	±1.0　±1.2
	精密级	±0.25	±0.3	±0.4	±0.5	±0.6	±0.8　±1.0

注：当锻件中心距尺寸为 300mm，有一道校正或精压工序，查得中心距极限偏差为普通级±1.0mm，精密级±0.8mm。

9.2　锻件结构设计

（1）锻件分模面

锻件分模面应选在模锻件最大水平投影尺寸的截面上。另外，沿分模面上下锻件轮廓尽量一致，以便生产中及时发现错模现象；分模面尽量为平面；模腔深度尽量浅。

（2）模锻斜度

① 外模锻斜度。锻件在冷缩时趋向离开模壁的部分，用 α 表示（图 9-7）。

② 内模锻斜度。锻件在冷缩时趋向贴紧模壁的部分，用 β 表示（图 9-7）。

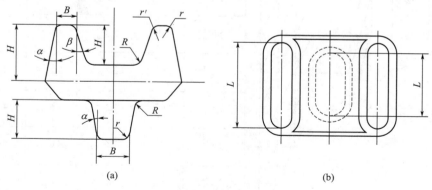

(a)　　　　　　　　　　　　　　(b)

图 9-7　模锻斜度

③ 模锻斜度系列。为方便模具制造，采用标准刀具，模锻斜度可按下列数值选用：$0°15'$、$0°30'$、$1°00'$、$1°30'$、$3°00'$、$5°00'$、$7°00'$、$10°00'$、$12°00'$、$15°00'$。

④ 模锻斜度的确定。模锻锤、热模锻压力机、螺旋压力机的外模锻斜度 α，按锻件各部分的高度 H 与宽度 B 以及长度 L 与宽度 B 的比值 H/B、L/B 确定，见表 9-6。内模锻斜度 β 按外模锻斜度值加大 2°或 3°（15°除外）。当模锻设备具有顶料机构时，外模锻斜度可缩小 2°或 3°。

表 9-6　模锻锤、热模锻压力机、螺旋压力机锻件外模锻斜度 α 数值（摘自 GB/T 12361—2016）

L/B	H/B				
	≤1	>1~3	>3~4.5	>4.5~6.5	>6.5
≤1.5	5°00′	7°00′	10°00′	12°00′	15°00′
>1.5	5°00′	5°00′	7°00′	10°00′	12°00′

（3）圆角半径

① 圆角半径系列。锻件外圆角半径 r、内圆角半径 R 按下列数值选用（单位：mm）：

（1.0）、（1.5）、2.0、2.5、3.0、4.0、5.0、6.0、8.0、10.0、12.0、16.0、20.0、25.0、30.0、40.0、50.0、60.0、80.0、100.0。

当圆角半径值超过 100mm 时，按 GB/T 321 选取。括弧内的数值尽量少用。

② 圆角半径的确定。外圆角半径 r 按表 9-7 确定，内圆角半径 R 按表 9-8 确定。

表 9-7　外圆角半径 r 数值（摘自 GB/T 12361—2016）　　　　mm

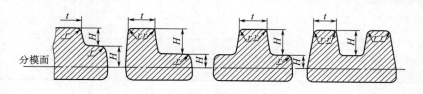

t/H	台阶高度						
	≤10	>10~16	>16~25	>25~40	>40~63	>63~100	>100~160
>0.5~1	2.5	2.5	3	4	5	8	12
>1	2	2	2.5	3	4	6	10

表 9-8　内圆角半径 R 数值（摘自 GB/T 12361—2016）　　　　mm

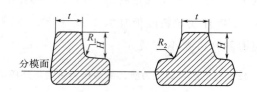

t/H	台阶高度						
	≤10	>10～16	>16～25	>25～40	>40～63	>63～100	>100～160
>0.5～1	4	5	6	8	10	16	25
>1	3	4	5	6	8	12	20

（4）冲孔连皮

锤上模锻不能直接锻出通孔，必须在孔内保留一层连皮，然后在压力机上利用切边模去除。一般情况下，孔径 d≤25mm 而且厚度较大的锻件，模锻时只能锻出凹穴；对于孔径 d>25mm 而且锻孔深度不大于锻孔直径的带孔模锻件，应留有冲孔连皮（表 9-9）。

表 9-9　模锻件的冲孔连皮尺寸　　　　mm

d	H							
	≤25		>25～50		>50～75		>75～100	
	连皮尺寸							
	S	R	S	R	S	R	S	R
≤50	3	4	4	6	5	8	6	14
		5		8		12		16
>50～70	4	5	5	6	6	10	7	16
		8		10		14		18
>70～100	5	6	6	7	7	12	8	18
		8		12		16		20

冲孔连皮一般采用平底连皮及端面连皮，后者主要用在高度不大，可用简单的开式套模的模锻件

注：表中 R 值中，上面数值属平底连皮，下面数值属端面连皮。

9.3　模锻件设计实例

图 9-8 所示的齿轮零件，材料为 45 钢，年产量 6000 件，该零件质量约 3.1kg，技术要求如图所示。请设计并绘制此齿轮的毛坯图。

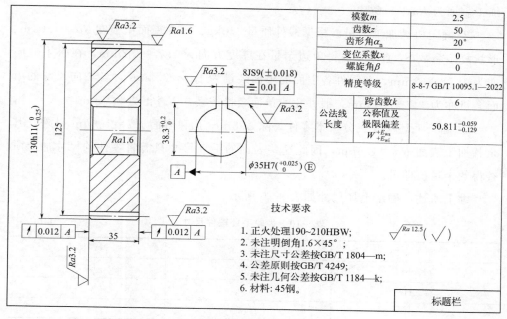

模数 m		2.5
齿数 z		50
齿形角 α_n		20°
变位系数 x		0
螺旋角 β		0
精度等级		8-8-7 GB/T 10095.1—2022
公法线长度	跨齿数 k	6
	公称值及极限偏差 $W^{+E_{ws}}_{+E_{wi}}$	$50.811^{-0.059}_{-0.129}$

技术要求

1. 正火处理190~210HBW;
2. 未注明倒角1.6×45°;
3. 未注尺寸公差按GB/T 1804—m;
4. 公差原则按GB/T 4249;
5. 未注几何公差按GB/T 1184—k;
6. 材料: 45钢。

$\sqrt{Ra\,12.5}(\sqrt{\ })$

标题栏

图 9-8　齿轮零件图

（1）选择锻造方法

考虑零件承受交变载荷及冲击载荷，因此选择锻件。零件年产量 6000 件，属于大批生产，为了保证生产率和加工精度，选择锤上模锻成形。

（2）确定机械加工余量及毛坯尺寸

① 若要确定毛坯的尺寸公差及机械加工余量，应先确定如下各项因素：

a. 锻件公差等级。由该零件的功用和技术要求，确定其锻件公差等级为普通级。

b. 锻件质量 m_f。根据零件成品质量 3.1kg，估算为 $m_f = 4.0$kg。

c. 锻件形状复杂系数 S。该锻件为圆形，假设其最大直径为 133.5mm，厚度 38.5mm，则由公式（9-2）、公式（9-1）得

$$m_N = \frac{\pi d^2 h \rho}{4} = \frac{\pi \times 133.5^2 \times 38.5 \times 7.85 \times 10^{-6}}{4} = 4.23 \text{(kg)}$$

$$S = m_f / m_N = 4.0/4.23 = 0.946$$

由于 0.946 介于 0.63 和 1 之间，故该零件的形状复杂系数属 S_1 级。

d. 锻件材质系数 M。由于该零件材料为 45 钢，是碳的质量分数小于 0.65% 的碳素钢，故该锻件的材质系数属 M_1 级。

e. 零件表面粗糙度。由零件图知，除齿面和孔为 $Ra = 1.6\mu m$ 以外，其余各

加工表面为 $Ra > 1.6\mu m$。

② 确定机械加工余量。根据锻件质量 4.0kg、零件表面粗糙度 $Ra > 1.6\mu m$、形状复杂系数 S_1 查表 9-1 得单边余量在厚度方向为 1.7~2.2mm，在水平方向亦为 1.7~2.2mm，即锻件各表面的单面余量为 1.7~2.2mm，各轴向尺寸的单面余量亦为 1.7~2.2mm。锻件孔的单面余量按表 9-2 查得为 2.0mm。

③ 确定毛坯尺寸。分析本零件，除 $\phi35mm$ 孔和齿面 $Ra = 1.6\mu m$ 以外，其余各加工表面 $Ra > 1.6\mu m$，因此这些表面的毛坯尺寸只需将零件的尺寸加上所查得的余量值即可。

综上所述，确定毛坯尺寸如表 9-10 所示。

表 9-10　齿轮毛坯锻件尺寸　　　　　　　　　　mm

零件尺寸	单面加工余量	锻件尺寸
$\phi130h11$	1.75	$\phi133.5$
$\phi35H7$	2.0	$\phi31$
35	1.75	38.5

（3）确定毛坯尺寸公差

毛坯尺寸公差根据锻件质量 4.0kg、材质系数 M_1、形状复杂系数 S_1，从表 9-3、表 9-4 中查得。本零件毛坯尺寸及极限偏差见表 9-11。

表 9-11　齿轮毛坯锻件尺寸公差及极限偏差　　　　　　mm

锻件尺寸	尺寸公差及极限偏差	根据
$\phi133.5$	$2.5^{+1.7}_{-0.8}$	表 9-3
$\phi31$	$2.0^{+0.6}_{-1.4}$	表 9-3
38.5	$2.0^{+1.5}_{-0.5}$	表 9-4

（4）设计锻件图

① 确定分模位置。由于毛坯是 $H < D$ 的圆盘类锻件，应采取轴向分模，这样可冲内孔，使材料利用率得到提高。为了便于起模及发现上、下模在模锻过程中错移，选择最大直径即齿轮两端面的对称平面为分模面，分模线为直线，属平直分模线。

② 确定模锻斜度。本锻件上、下模膛深度相等。查表 9-6。

$$L/B = 133.5/133.5 = 1$$

$$H/B = 19.25/133.5 = 0.144$$

取外模锻斜度 $\alpha=5°$；内模锻斜度加大 2°或 3°，取 $\beta=7°$。

③ 确定圆角半径。锻件的外圆角半径按表 9-7 确定，内圆角半径按表 9-8 确定。本锻件各部分的 $t/H=51.25/19.25>1$，故均按表中第二行数值，取外圆角半径 $r=2.5$mm；取内圆角半径 $R=5$mm。以上所取的圆角半径数值能保证各表面的加工余量。

④ 确定毛坯的热处理方式。钢质齿轮毛坯经锻造后应安排正火，以消除残余的锻造应力，并使不均匀的金相组织通过重新结晶而得到细化、均匀的组织，从而改善加工性。

图 9-9 所示为本零件的毛坯图。

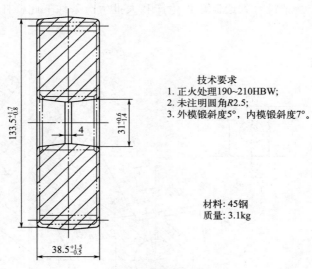

技术要求
1. 正火处理190~210HBW;
2. 未注明圆角R2.5;
3. 外模锻斜度5°，内模锻斜度7°。

材料: 45钢
质量: 3.1kg

图 9-9 齿轮锻件图

第**10**章 机械零件毛坯设计选题

题目1：图 10-1 所示的杠杆零件，材料为 HT200，技术要求如图所示，毛坯采用铸造生产。请设计并绘制单件生产和大批生产条件下此杠杆的铸件图。

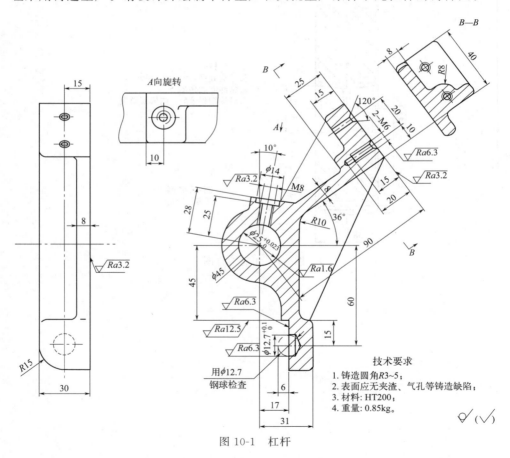

图 10-1 杠杆

题目2：图 10-2 所示的插入耳环零件，材料为 45 钢，技术要求如图所示，毛坯采用锻造生产。请设计并绘制单件生产和大批生产条件下此零件的锻件图。

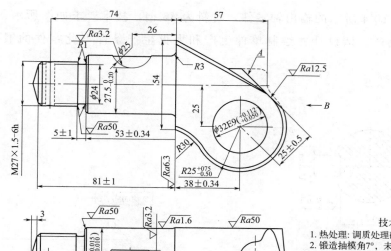

图 10-2　插入耳环

技术要求
1. 热处理：调质处理硬度为 217～255HBW；
2. 锻造抽模角7°，未注圆角R2～3；
3. 键槽对ϕ35轴线的对称度公差为0.1；
4. ϕ32轴线对ϕ35轴线的垂直度公差为0.5/50；
5. 允许用气焊后重新车削的方法修正螺纹上的缺陷；
6. 图中A面虚线部分是毛坯形状，加工后A处允许有中心孔痕迹；
7. 材料：45钢。

题目3：图 10-3 所示的法兰盘零件，材料为 HT200，技术要求如图所示，毛坯采用铸造生产。请设计并绘制单件生产和大批生产条件下此零件的铸件图。

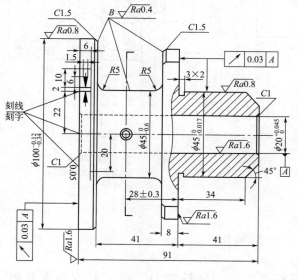

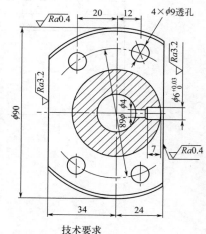

技术要求
1. 刻字字形高5，刻线宽0.3，深0.5；
2. B面抛光；
3. ϕ100$_{-0.34}^{-0.12}$ 外圆无光镀铬；
4. 材料：HT200；
5. 重量：1.4kg。

图 10-3　法兰盘

题目 4：图 10-4 所示的输出轴零件，材料为 45 钢，技术要求如图所示，毛坯采用锻造生产。请设计并绘制单件生产和大批生产条件下此零件的锻件图。

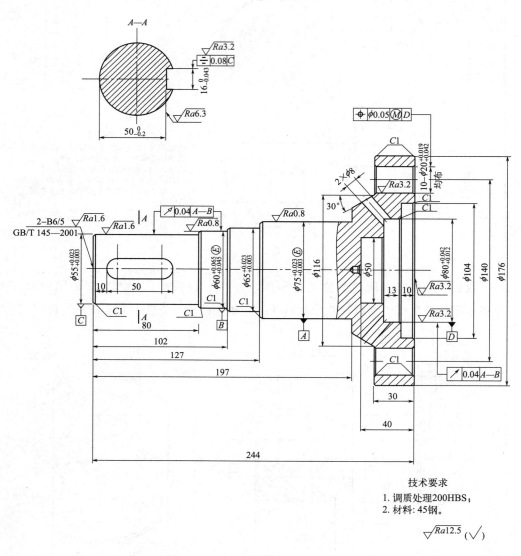

技术要求
1. 调质处理200HBS；
2. 材料: 45钢。

$\sqrt{Ra12.5}$ ($\sqrt{}$)

图 10-4　输出轴

题目 5：图 10-5 所示的填料箱盖零件，材料为 HT200，技术要求如图所示，毛坯采用铸造生产。请设计并绘制单件生产和大批生产条件下此零件的铸件图。

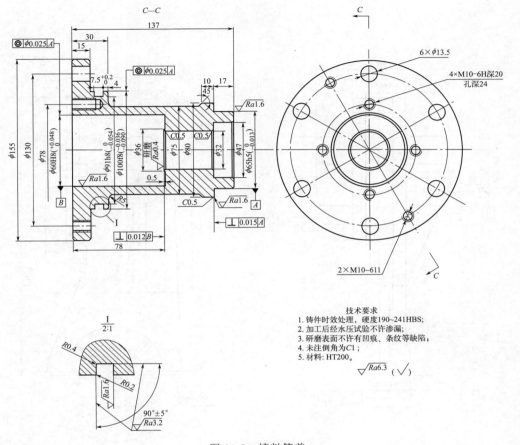

图 10-5　填料箱盖

题目 6：图 10-6 所示的拔叉 1 零件，材料为 HT200，技术要求如图所示，毛坯采用铸造生产。请设计并绘制单件生产和大批生产条件下此零件的铸件图。

题目 7：图 10-7 所示的拔叉 2 零件，材料为 HT200，技术要求如图所示，毛坯采用铸造生产。请设计并绘制单件生产和大批生产条件下此零件的铸件图。

题目 8：图 10-8 所示的钢板弹簧吊耳零件，材料为 35 钢，技术要求如图所示，毛坯采用锻造生产。请设计并绘制单件生产和大批生产条件下此零件的锻件图。

题目 9：图 10-9 所示的传动箱盖零件，材料为 HT150，技术要求如图所示，毛坯采用铸造生产。请设计并绘制单件生产和大批生产条件下此零件的铸件图。

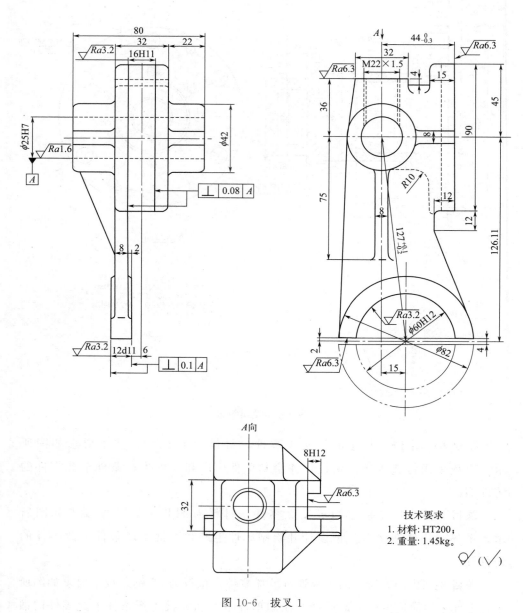

图 10-6 拔叉 1

技术要求
1. 材料: HT200;
2. 重量: 1.45kg。

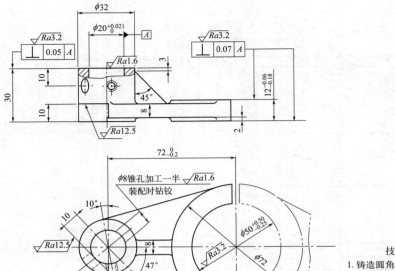

技术要求

1. 铸造圆角R3~5；
2. 两件铸在一起，铸件应无夹渣、气孔；
3. 材料：HT200；
4. 重量：1.0kg。

图 10-7　拔叉 2

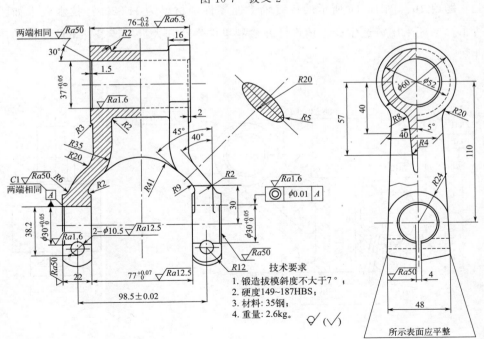

技术要求

1. 锻造拔模斜度不大于7°；
2. 硬度149~187HBS；
3. 材料：35钢；
4. 重量：2.6kg。

所示表面应平整

图 10-8　钢板弹簧吊耳

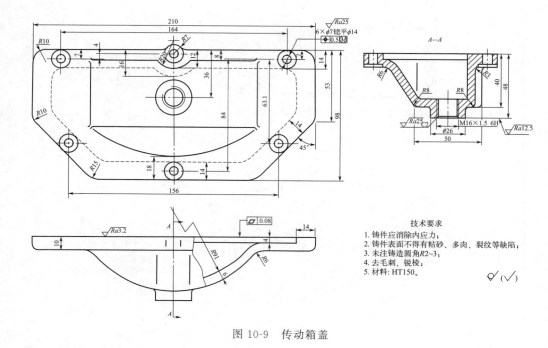

图 10-9　传动箱盖

题目 10： 图 10-10 所示的摇臂轴支座零件，材料为 HT200，技术要求如图所示，毛坯采用铸造生产。请设计并绘制单件生产和大批生产条件下此零件的铸件图。

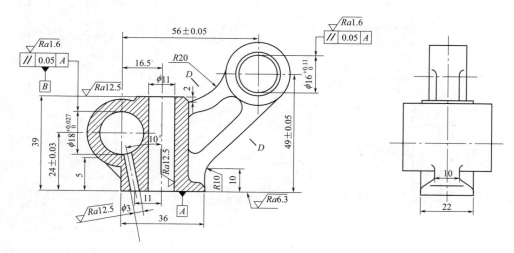

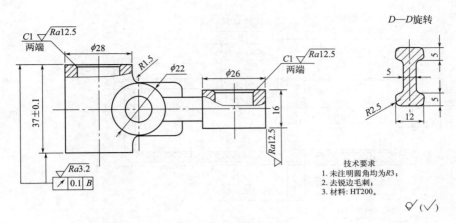

图 10-10　摇臂轴支座

题目 11：图 10-11 所示的左臂壳体零件，材料为 HT200，技术要求如图所示，毛坯采用铸造生产。请设计并绘制单件生产和大批生产条件下此零件的铸件图。

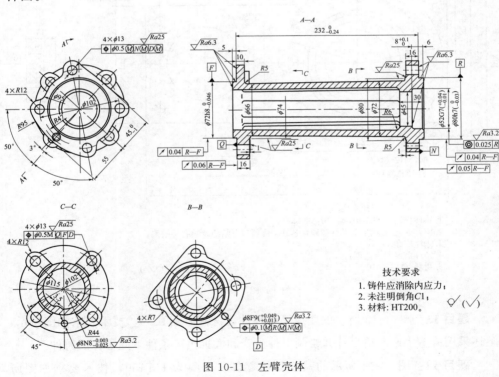

图 10-11　左臂壳体

题目 12：图 10-12 所示的阀腔零件，材料为 QT450-10，技术要求如图所示，毛坯采用铸造生产。请设计并绘制单件生产和大批生产条件下此零件的铸件图。

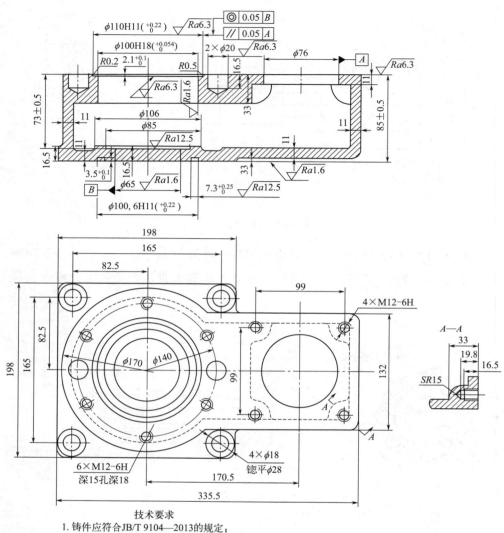

图 10-12　阀腔

技术要求
1. 铸件应符合 JB/T 9104—2013 的规定；
2. 铸件表面应光洁，不得有型砂、芯砂、浇冒口、结疤及缩孔等缺陷；
3. 未注圆角 R3~8；
4. 铸件需经回火处理；
5. 材料：QT450-10。

题目 13：图 10-13 所示的变速箱体零件，材料为 HT200，技术要求如图所示，毛坯采用铸造生产。请设计并绘制单件生产和大批生产条件下此零件的铸件图。

题目 14：图 10-14 所示的减速箱体零件，材料为 HT150，技术要求如图所示，毛坯采用铸造生产。请设计并绘制单件生产和大批生产条件下此零件的铸件图。

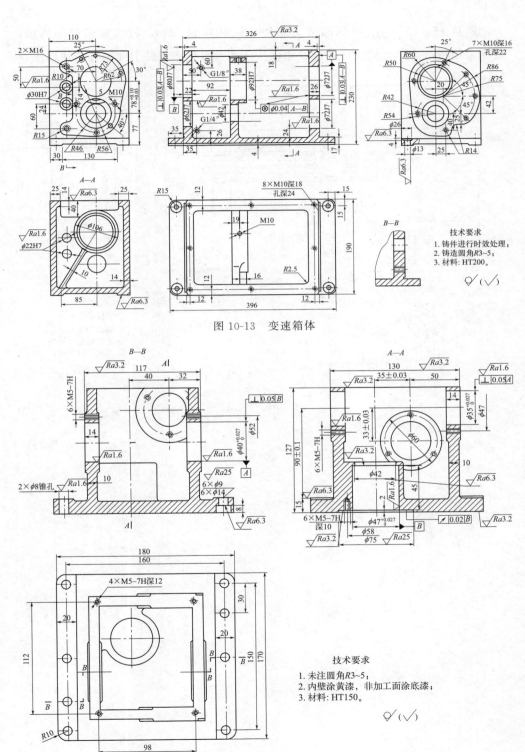

图 10-13　变速箱体

图 10-14　减速箱体

技术要求

1. 铸件进行时效处理；
2. 铸造圆角R3~5；
3. 材料：HT200。

技术要求

1. 未注圆角R3~5；
2. 内壁涂黄漆，非加工面涂底漆；
3. 材料：HT150。

题目 15：图 10-15 所示的滑叉零件，材料为 HT200，技术要求如图所示，毛坯采用铸造生产。请设计并绘制单件生产和大批生产条件下此零件的铸件图。

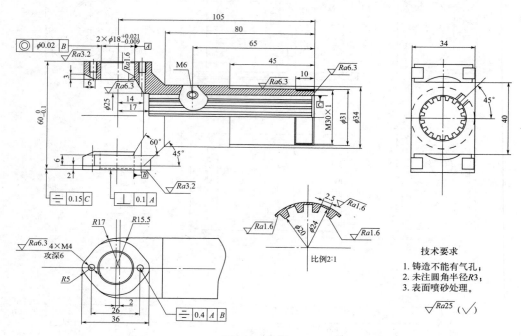

图 10-15　滑叉

第三部分

课程模拟试题

模拟试题一

一、是非题（10分）

1. 合金的充型能力与其流动性有关，而与铸型充填条件无关。（　　）

2. 采用金属铸型及重力浇注的方法，称为金属型铸造。（　　）

3. 铸件的主要加工面和重要的工作面浇注时应朝上。（　　）

4. 锻压可用于生产形状复杂，尤其是内腔复杂的零件毛坯。（　　）

5. 金属加热超过一定的温度，使晶粒急剧长大而引起材料塑性下降的现象称为过热。（　　）

6. 拉深模和落料模的边缘都应是锋利的刃口。（　　）

7. 焊接可以生产有密封性要求的承受高压的容器。（　　）

8. 与低碳钢相比，中碳钢含碳量较高，具有较高的强度，故可焊性较好。（　　）

9. 埋弧自动焊焊剂的作用与焊条药皮的作用基本一样。（　　）

10. 铸造生产特别适合制造受力较大或受力复杂零件的毛坯。（　　）

二、选择题（10分）

1. 以下各材料中，流动性最差的是（　　）。

    A. ZG200-400　　　　B. ZL110　　　　C. HT100　　　　D. QT400-18

2. 冷铁配合冒口形成定向凝固主要用于防止铸件产生（　　）的缺陷。

    A. 缩孔、缩松　　　B. 应力　　　　C. 变形　　　　D. 裂纹

3. 大批量生产铸铁水管，应选用（　　）。

    A. 砂型铸造　　　　B. 金属型铸造　　　C. 离心铸造　　　D. 熔模铸造

4. 锻件坯料加热温度过高会造成金属（　　）。

    A. 过热或过烧　　　B. 热应力增大　　　C. 晶粒破碎　　　D. 增大可塑性

5. 终锻模膛的尺寸、形状与锻件相近，但比锻件放大一个（　　）。

A. 加工余量 　　　　B. 收缩率 　　　　C. 烧损量 　　　　D. 飞边量

6. 下列冲压工序中，凹、凸模之间的间隙大于板料厚度的是（　　　　）。

　　A. 拉深 　　　　　B. 冲孔 　　　　　C. 落料 　　　　　D. 修整

7. 焊接电弧可分三个区域，其温度最高的是（　　　　）。

　　A. 阴极区 　　　　B. 阳极区 　　　　C. 弧柱区 　　　　D. 弧柱中心

8. 焊条直径的选择主要取决于（　　　　）。

　　A. 焊接电流 　　　B. 焊缝位置 　　　C. 焊接层数 　　　D. 工件厚度

9. 钎焊接头的主要缺点是（　　　　）。

　　A. 焊接变形大 　　B. 热影响区大 　　C. 应力大 　　　　D. 强度低

10. 锻件的力学性能比同样材料的铸件好，这是因为（　　　　）。

　　A. 剥离的氧化皮带走了材料中的有害杂质

　　B. 在反复加热和锤打中消除了铸造应力

　　C. 重结晶中细化了晶粒，并使铸造组织的内部缺陷得到改善

　　D. 使晶粒变形，获得纤维状组织

三、填空题（20分）

1. 铸钢铸造性能差的原因主要是＿＿＿＿＿＿＿＿＿、＿＿＿＿＿＿＿＿＿＿＿＿＿和＿＿＿＿＿＿＿＿＿＿＿。

2. 液态合金的凝固方式有＿＿＿＿＿＿＿＿＿、＿＿＿＿＿＿＿＿＿＿＿和＿＿＿＿＿＿＿＿＿＿＿三种。

3. 铸件上各部分壁厚相差较大，厚壁部分的残余应力为＿＿＿＿＿＿＿＿应力，而薄壁部分的残余应力为＿＿＿＿＿＿＿＿应力。

4. 钢在常温下的变形加工为＿＿＿＿＿＿＿＿＿加工，而铅在常温下的变形加工则为＿＿＿＿＿＿＿＿加工。

5. 自由锻锻造设备有＿＿＿＿＿＿＿＿＿＿＿、＿＿＿＿＿＿＿＿＿＿＿和＿＿＿＿＿＿＿＿＿＿＿三大类。

6. 由于模锻无法锻出通孔，锻件应留有＿＿＿＿＿＿＿＿＿。

7. 板料冲压的基本工序有＿＿＿＿＿＿＿＿＿＿＿＿和＿＿＿＿＿＿＿＿＿＿＿。

8. 钢的焊接性能常用＿＿＿＿＿＿＿＿＿＿＿＿＿＿＿来评价。

9. 焊接过程中，对焊件的不均匀加热是焊件产生＿＿＿＿＿＿＿＿和＿＿＿＿＿＿＿＿的根本原因。

10. 手弧焊时，焊条中的焊芯主要起＿＿＿＿＿＿＿＿＿＿＿＿＿＿＿＿的作用。

四、简答题（30分）

1. 为什么生产薄壁铸件常采用高温快速浇注的方法？

2. 金属型铸造为何能改善铸件的力学性能？灰铸铁件用金属型铸造时，可能遇到哪些问题？

3. 相同材料、相同尺寸的圆棒料在 V 形砧铁和平砧铁上拔长时，效果有何不同？

4. 锤上模锻能否直接锻出通孔？如何锻出通孔？

5. 简述焊接接头的组成。

6. 简要说明焊缝布置的一般原则。

五、综合题（30分）

1. 图 M1-1 所示为一铸造轴套，铸后发现直角部位出现裂纹，请回答下列问题：

（1）试分析裂纹产生的主要原因。

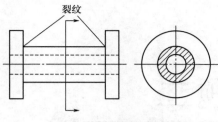

图 M1-1　铸造轴套

（2）为防止裂纹产生，可采取哪些措施？

2.简述分模面选择的一般原则，并选择如图 M1-2 所示锻件的分模面。

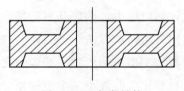

图 M1-2　盘类零件

3.比较图 M1-3 中不同的焊接顺序对焊缝和焊接件质量的影响，并说明原因。

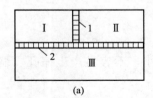

(a)

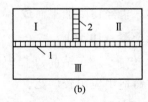

(b)

图 M1-3　不同的焊接顺序

模拟试题二

一、是非题（10分）

1. 铸钢的流动性好，铸铁的流动性差。（　　）

2. 给铸件设置冒口的目的是排出多余的铁水。（　　）

3. 由于收缩应力是一种临时应力，因此其对铸件质量不会产生危害。（　　）

4. 可锻铸铁零件可以用自由锻的方法生产。（　　）

5. 金属在常温下进行塑性变形总会产生冷变形强化。（　　）

6. 设计弯曲模时，一般要比弯曲件小一个回弹角。（　　）

7. 熔合区是焊接接头的最薄弱环节。（　　）

8. 用直流弧焊电源焊接薄钢板或非铁合金时，宜采用反接法。（　　）

9. 埋弧自动焊、氩弧焊和电阻焊都属于熔化焊。（　　）

10. 在机械制造中，凡承受重载荷、高转速的重要零件，常须通过锻造的方法制成毛坯，再经切削加工而成。（　　）

二、选择题（10分）

1. 由于（　　）在结晶过程中收缩率较小，不容易产生缩孔、缩松及开裂等，所以在铸造中应用较广泛。

    A. 可锻铸铁　　　　B. 球墨铸铁　　　　C. 灰铸铁　　　　D. 铸钢

2. 在铸造条件和铸件尺寸相同的情况下，铸钢件的最小壁厚要大于灰口铸铁件的最小壁厚，主要原因是铸钢的（　　）。

    A. 收缩大　　　　B. 流动性差　　　　C. 浇注温度高　　　　D. 铸造应力大

3. 用金属型铸造和砂型铸造来生产同一个零件毛坯，则（　　）。

    A. 金属型铸造时，铸造应力较大，力学性能好

    B. 金属型铸造时，铸造应力较大，力学性能差

    C. 金属型铸造时，铸造应力较小，力学性能差

D. 金属型铸造时，铸造应力较小，力学性能好

4. 镦粗时为了避免毛坯被镦弯，它的尺寸必须符合（   ）。

    A. $h \geqslant 2.5d$　　　　B. $h \geqslant 3d$　　　　C. $h \leqslant 5d$　　　　D. $h \leqslant 2.5d$

5. 在自由锻造时，坯料加热内部未热透会产生（   ）。

    A. 轴心裂纹　　B. 夹层　　C. 晶粒粗大　　D. 气孔

6. 在大量生产要求内孔和外圆有很高同轴度的垫圈时，应选用（   ）冲模来生产。

    A. 组合　　　　　B. 连续　　　　　C. 复合　　　　　D. 复杂

7. 焊接过程中减少熔池中氢、氧等气体含量的目的是防止或减少产生（   ）。

    A. 气孔　　　　　B. 夹渣　　　　　C. 烧穿　　　　　D. 焊不透

8. 焊条药皮的主要作用是（   ）。

    A. 增加焊缝金属的冷却速度　　　　B. 起机械保护和稳弧作用

    C. 减小焊缝裂纹　　　　　　　　　D. 充填焊缝

9. 在进行低碳钢和低合金结构钢焊接时，选用焊条的基本原则是（   ）。

    A. 等强度原则　　B. 同成分原则　　C. 经济性原则　　D. 可焊性原则

10. 同样材料的铸件毛坯与锻件毛坯、型材坯料相比，铸件毛坯（   ）。

    A. 力学性能高　　　　　　　　　　B. 切削加工量少

    C. 化学性能稳定　　　　　　　　　D. 金属消耗量多

三、填空题（20分）

1. 铸造用合金必须具有良好的铸造性能，这是指_____的流动性、_____的收缩性和小的_____倾向。

2. 缩孔是集中在铸件上部或最后凝固部位容积较大的收缩孔洞，形成的原因是_____收缩和_____收缩所缩减的体积得不到补充，防止的方法是使铸件实现_____凝固。

3. 常用的特种铸造方法有_____、_____、_____、_____和_____。

4. _____是指对金属坯料施加外力使其产生塑性变形而改变形状、尺寸及改善性能，用以制造机器零件或毛坯的成形方法。

5. 绘制自由锻件图时应考虑_____、_____和_____等工艺参数问题。

6. 冲裁是_____的统称。

7. 影响碳钢焊接性能的主要因素是 _____ ，所以常用 _____ 来估算碳钢焊接性能的好坏。

8. 熔焊中常用的是手工 _____焊，经济、方便、适用性强。

四、简答题（30 分）

1. 何谓"合金的流动性"？影响合金流动性的因素有哪些？

2. 什么是顺序凝固原则和同时凝固原则？如何保证铸件按预定的凝固原则进行凝固？

3. 塑性差的金属材料进行锻造时，应注意什么问题？

4. 在曲柄压力机上能否实现拔长、滚压等预变形工序？并简述理由。

5. 简述焊接变形的基本形式。

6. 以低碳钢为例，简述焊接热影响区中过热区的组织和性能。

五、综合题（30 分）

1. 试分析图 M2-1 所示的铸造应力框：

（1）铸造应力框的凝固过程属于自由收缩还是受阻收缩？

（2）铸造应力框在凝固过程中将形成哪几类铸造应力？

(3) 在凝固开始和凝固结束时铸造应力框中 1、2 部位的应力属什么性质？

(4) 铸造应力框冷却到常温时，在 1 部位的 C 点将其锯断，AB 两点间的距离 L 将如何变化？

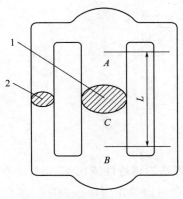

图 M2-1　铸造应力框

2. 简述图 M2-2 所示偏心轴锻件的自由锻工艺过程。

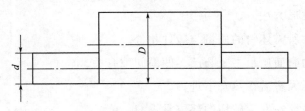

图 M2-2　偏心轴锻件

3. 给下列产品选择合适的焊接方法。

(1) 壁厚小于 30mm 锅炉筒体的批量生产；

(2) 汽车油箱的大量生产；

(3) 减速箱箱体的单件或小批生产；

(4) 45 钢刀杆上焊接硬质合金刀头；

(5) 铝合金板焊接容器的批量生产；

(6) 自行车圈的大量生产；

(7) ϕ3mm 铝-铜接头的批量生产。

模拟试题三

一、是非题（10分）

1. 含碳 4.3％的白口铸铁的铸造性能比 45 钢好。（　　）

2. 收缩较小的灰铸铁件可以采用定向（顺序）凝固原则来减少或消除铸造内应力。（　　）

3. 压力铸造可铸出形状复杂的薄壁有色铸件，它的生产效率高、质量好。（　　）

4. 金属压力加工，是金属坯料在外力的作用下产生塑性变形，从而获得合格毛坯或零件的成形方法。（　　）

5. 自由锻件所需坯料的质量与锻件相等。（　　）

6. 冲裁件的断面质量主要与凸、凹模间隙有关。（　　）

7. 板料冲压大多需在热态下进行。（　　）

8. 焊接件最容易发生破坏的部位是焊缝。（　　）

9. 增加焊接结构的刚性可以减小焊接应力。（　　）

10. 为获得优质的焊接接头，不锈钢焊件应选用 CO_2 气体保护焊。（　　）

二、选择题（10分）

1. 生产中提高合金流动性常采用的方法是（　　）。

    A. 提高浇注温度　　B. 降低出铁温度　　C. 加大出气口　　D. 延长浇注时间

2. 下列易产生集中缩孔的铁碳合金成分是（　　）。

    A. 0.77％C　　　　B. 球墨铸铁　　　　C. 4.3％C　　　　D. 2.11％C

3. 两端截面大、中间截面小的铸件，为减少合箱工作的麻烦，可通过采用外型芯的方法而选用（　　）造型。

    A. 两箱　　　　　B. 三箱　　　　　C. 假箱　　　　　D. 活块

4. 普通车床床身浇注时导轨面应该（　　）。

A. 朝上　　　　　B. 朝下　　　　　C. 侧立　　　　　D. 倾斜

5. 锻件加热温度过高，会造成锻坯金属（　　　）。

A. 过热或过烧　　B. 热应力增大　　C. 晶粒破碎　　D. 增大可塑性

6. 模锻带通孔的锻件时，孔内留下的一层金属称作（　　　）。

A. 毛刺　　　　　B. 飞边　　　　　C. 敷料　　　　　D. 连皮

7. 在冲床的一次冲程中，在模具的不同部位上同时完成数道冲压工序的模具，称为（　　　）。

A. 复合冲模　　　B. 连续冲模　　　C. 简单冲模　　　D. 复杂冲模

8. 下列材料焊接性能最好的是（　　　）。

A. 16Mn　　　　　B. 铝合金　　　　C. W18Cr4V　　　D. HT200

9. 下列焊接方法中，属于熔化焊的是（　　　）。

A. 埋弧焊　　　　B. 摩擦焊　　　　C. 电阻焊　　　　D. 钎焊

10. 电阻点焊和缝焊必须用（　　　）。

A. 对接　　　　　B. 搭接　　　　　C. 角接　　　　　D. 丁字接

三、填空题（20分）

1. 铸铁合金从液态到常温经历＿＿＿＿＿＿收缩、＿＿＿＿＿＿收缩和＿＿＿＿＿＿收缩三个阶段。

2. 按照气体的来源，铸件中的气孔分为＿＿＿＿＿＿、＿＿＿＿＿＿和＿＿＿＿＿＿三类。

3. 对金属加热能提高金属的＿＿＿＿＿＿性，降低其＿＿＿＿＿＿抗力，从而改善它的锻造性。

4. 模锻与自由锻相比，模锻时金属的塑性＿＿＿＿＿＿、变形抗力＿＿＿＿＿＿。

5. 冲裁工序中，落下部分为工件的工序称为＿＿＿＿＿＿，而落下部分为废料的工序称为＿＿＿＿＿＿。

6. 金属板料弯曲时，其内侧受＿＿＿＿＿＿应力，外侧受＿＿＿＿＿＿应力。

7. 煤接电弧由＿＿＿＿＿＿、＿＿＿＿＿＿和＿＿＿＿＿＿三部分组成，其中＿＿＿＿＿＿区的温度最高。

8. 为改善某些材料的可焊性，避免焊接开裂，常采用的工艺措施是焊前＿＿＿＿＿＿，焊后＿＿＿＿＿＿。

四、简答题（30分）

1. 哪类合金易产生缩孔？哪类合金易产生缩松？如何促进缩松向缩孔转化？

2. 根据紧砂原理，砂型铸造中机器造型方法有哪些？

3. 碳钢在锻造温度范围内变形时，是否会产生冷变形强化？

4. 与自由锻相比，模锻有哪些特点？

5. 以低碳钢为例，简述焊接热影响区中正火区的组织和性能。

6. 熔焊、压焊和钎焊的实质有何不同？

五、综合题（30分）

1. 下列铸件在大批量生产时，采用什么铸造方法为佳？
①铝活塞；②气缸套；③汽车喇叭；④缝纫机头；⑤汽轮机叶片；⑥车床床身；⑦大模数齿轮滚刀；⑧带轮及飞轮；⑨大口径铸铁管；⑩发动机铸铁缸体。

2. 拟定图 M3-1 所示齿轮的自由锻工艺过程。

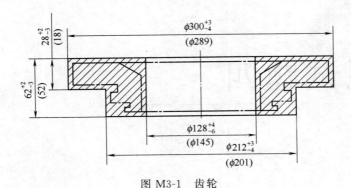

图 M3-1　齿轮

3. 分析图 M3-2 所示零件的结构工艺性，并对其不合理之处进行改进。

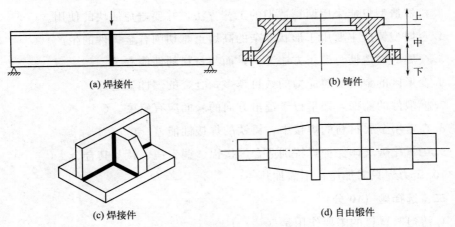

(a) 焊接件

(b) 铸件

(c) 焊接件

(d) 自由锻件

图 M3-2　结构工艺性改错

模拟试题四

一、是非题（10分）

1. 铸造合金中，流动性最好的是碳钢，最差的是球墨铸铁。（　　　）

2. 铸造热应力最终的结论是薄壁或表层受压。（　　　）

3. 机器造型只能采用两箱造型的工艺方法，并要避免活块的使用。（　　　）

4. 金属型铸造主要用于形状复杂的高熔点难切削合金铸件的生产。（　　　）

5. 金属的锻造性与锻压方法无关，而与材料的性能有关。（　　　）

6. 变形区的金属受拉应力的数目越多，合金的塑性就越好。（　　　）

7. 模锻件的侧面，即平行于锤击方向的表面应有斜度。（　　　）

8. 在常用金属材料的焊接中，铸铁的焊接性能差。（　　　）

9. 二氧化碳气体保护焊特别适合焊接铝、铜、镁、钛及其合金。（　　　）

10. 压力焊只需加压，不需加热。（　　　）

二、选择题（10分）

1. 铸造时冒口的主要作用是（　　　）。

    A. 提高局部冷却速度　　　　　　　　B. 补偿液态金属、排气及集渣

    C. 提高流动性　　　　　　　　　　　D. 实现同时凝固

2. 为了减小铸造机械应力，型砂应具备足够的（　　　）。

    A. 强度　　　　　B. 透气性　　　　　C. 退让性　　　　　D. 耐火性

3. 模样的作用是形成铸件的（　　　）。

    A. 浇注系统　　　　B. 冒口　　　　　C. 内腔　　　　　D. 外形

4. 形状复杂的高熔点难切削合金精密铸件的铸造应采用（　　　）。

    A. 金属型铸造　　　B. 熔模铸造　　　C. 压力铸造　　　D. 低压铸造

5. 终锻温度是停止锻造的温度，如果取得过高，会使锻件产生（　　　）。

    A. 裂纹　　　　　B. 晶粒粗大　　　　C. 表面斑痕　　　　D. 过烧

6.带凹挡、通孔和凸缘类回转体模锻件的锻造应选用（　　　）。

    A. 模锻锤　　　　　B. 摩擦压力机　　　　C. 平锻机　　　　　D. 水压机

7.对于板料弯曲件，若弯曲半径过小时，会产生（　　　）。

    A. 飞边　　　　　　B. 回弹　　　　　　C. 褶皱　　　　　　D. 裂纹

8.低碳钢焊接接头中，力学性能最好的是（　　　）。

    A. 熔合区　　　　　B. 过热区　　　　　C. 正火区　　　　　D. 部分相变区

9.焊接形状复杂或刚度大的结构及承受冲击载荷或交变载荷的结构时，应选用（　　　）。

    A. 酸性焊条　　　　B. 碱性焊条　　　　C. 中性焊条　　　　D. 三者均可

10.下列焊接方法属于压力焊的是（　　　）。

    A. CO_2 气体保护焊　　　　　　　　B. 氩弧焊

    C. 电阻焊　　　　　　　　　　　　　D. 手工电弧焊

三、填空题（20分）

1.铸铁中缩孔和缩松是在＿＿＿＿＿＿＿收缩和＿＿＿＿＿＿＿收缩两个阶段形成的。

2.铸造应力有＿＿＿＿＿＿＿和＿＿＿＿＿＿＿，前者是由于＿＿＿＿＿＿＿而引起的；后者是由于＿＿＿＿＿＿＿而产生的。

3.浇注位置的选择是否合理会影响＿＿＿＿＿＿＿；分型面的选择会影响＿＿＿＿＿＿＿。

4.影响锻造性的主要因素有＿＿＿＿＿＿＿和＿＿＿＿＿＿＿。

5.冲裁时板料分离过程分为＿＿＿＿＿＿＿、＿＿＿＿＿＿＿和＿＿＿＿＿＿＿三个阶段。

6.深腔件经多次拉深变形后应进行＿＿＿＿＿＿＿热处理。

7.铁碳合金中的含碳量越高，其焊接性能越＿＿＿＿＿＿＿。

8.常用的矫正焊接变形的方法有＿＿＿＿＿＿＿法和＿＿＿＿＿＿＿法。

9.焊条由＿＿＿＿＿＿＿和＿＿＿＿＿＿＿两部分组成。

10.选择焊条的一般原则是＿＿＿＿＿＿＿。

四、简答题（30分）

1.缩孔和缩松产生的原因是什么？如何防止？

2.一灰铸铁件，要提高其壁的强度，主要靠增加壁厚行吗？为什么？

3.热变形对金属组织和性能有什么影响？

4.什么叫自由锻？有何优、缺点？适合哪种场合使用？

5.以低碳钢为例，简述焊接热影响区中部分相变区的组织和性能。

6.何谓金属的焊接性？如何用碳当量法来评定钢材的焊接性？

五、综合题（30分）

1.给下列铸件选择合适的铸造方法。

① ϕ50mm 铸造高速钢麻花钻；②台式电风扇底座；③铝活塞；④大口径（ϕ100mm）铸铁水管。

2. 试对图 M4-1 所示两种拼板焊缝的布置进行比较，哪种较为合理？为什么？确定较为合理的焊缝的焊接顺序，并简要说明理由。

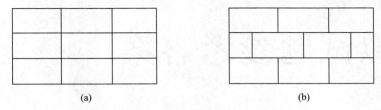

(a)   (b)

图 M4-1   拼板焊缝的布置

3. 分析图 M4-2 所示零件的结构工艺性，对其不合理之处进行改进，并简述原因。

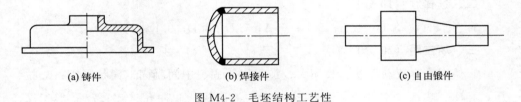

(a) 铸件   (b) 焊接件   (c) 自由锻件

图 M4-2   毛坯结构工艺性

模拟试题参考答案

模拟试题一

一、是非题（10分）

1.×；2.√；3.×；4.×；5.√；6.×；7.√；8.×；9.√；10.×。

二、选择题（10分）

1.A；2.A；3.C；4.A；5.B；6.A；7.D；8.D；9.D；10.C。

三、填空题（20分）

1.熔点高、流动性差、收缩大；2.逐层凝固、中间凝固、糊状凝固；3.拉、压；4.冷、热；5.空气锤、蒸汽-空气锤、液压机；6.冲孔连皮；7.变形工序、分离工序；8.碳当量法；9.应力、变形；10.导电和填充焊缝。

四、简答题（30分）

1.答：薄壁铸件的铸型条件对充型能力不利。浇注温度高，液态金属保持流动的时间长；浇注速度快，则充型速度快，可以提高充型能力，防止薄壁铸件产生浇不足和冷隔缺陷。

2.答：金属型的导热快，铸件的晶粒细小，进而改善了铸件的力学性能。

灰铸铁件用金属型铸造时，可能遇到的问题有：由于金属型冷却速度快，易形成白口组织；不宜铸造形状复杂与大型薄壁件；成本高、周期长、铸造工艺要求严格；不适于单件、小批量生产。

3.答：当采用 V 形砧铁时，增加了压应力数目，塑性较好，不易开裂；V形砧铁限制了坯料的横向延展，拔长效率较高；V 形砧铁对坯料有定向作用，坯料轴心线不易偏斜。

当采用平砧铁时，变形抗力较小，但塑性较差；平砧铁不限制坯料的横向延展，拔长效率较低；平砧铁对坯料的定向作用差，坯料轴心线易发生偏斜。

4. 答：不能直接锻出通孔，要留冲孔连皮，锻造后用冲孔压力机冲去冲孔连皮得到所需通孔。

5. 答：焊接接头由焊缝、熔合区、焊接热影响区三部分组成，焊接热影响区又包括过热区、正火区、部分相变区和再结晶区。

6. 答：①焊缝位置应便于施焊，有利于保证焊缝质量；②焊缝尽可能分散布置，避免密集交叉；③尽可能对称分布焊缝；④焊缝应尽量避开最大应力和应力集中部位；⑤焊缝应尽量避开机加工表面；⑥焊缝转角处应平缓过渡。

五、综合题（30分）

1. 答：（1）轴套铸件在冷却收缩时，轴向受砂型阻碍，径向受型芯阻碍，由此产生机械应力，在拉应力集中部位易产生裂纹。

（2）可提高铸型和型芯的退让性，浇注后及早开型，减小由此产生的机械应力；结构设计时，在易裂处增设防裂筋。

2. 答：分模面选择原则：①分模面应选在锻件的最大截面处；②分模面的选择应使模膛浅而对称；③分模面的选择应使锻件上所加敷料最少；④分模面应最好是平直面。

图示零件可选择两端面的对称中心平面为分模面。

3. 答：图（a）所示为正确的焊接顺序，即先焊错开的短焊缝，后焊直通的长焊缝，短焊缝横向受压应力，不易开裂。按图（b）所示的顺序进行焊接，先焊长焊缝1再焊短焊缝2，焊缝2横向焊缝没有自由收缩的可能，这样结构内就产生了较大的拉应力，易造成焊缝交叉处产生裂纹。

模拟试题二

一、是非题（10分）

1. ×；2. ×；3. ×；4. ×；5. ×；6. √；7. √；8. √；9. ×；10. √。

二、选择题（10分）

1. C；2. B；3. A；4. D；5. A；6. C；7. A；8. B；9. A；10. B。

三、填空题（20分）

1. 良好、小、偏析；2. 液态、凝固、顺序；3. 熔模铸造、金属型铸造、压力铸造、低压铸造、离心铸造；4. 锻压；5. 加工余量、公差、余块；6. 冲孔和落料；7. 碳含量、碳当量；8. 电弧。

四、简答题（30 分）

1. 答：液态合金本身的流动能力称为合金的流动性。影响合金流动性的主要因素有合金种类、成分、杂质与含气量及质量热容、密度和热导率等物理性能。

2. 答：顺序凝固原则，就是在铸件上可能出现缩孔的厚大部位安放冒口，并在远离冒口的部位安放冷铁，使铸件上远离冒口的部位先凝固，然后靠近冒口的部位凝固，最后冒口凝固。

同时凝固原则，就是在工艺上采取各种工艺措施，使铸件各部分之间的温差尽量减小，以达到铸件各部分冷却速度尽量一致。

保证铸件按预定的凝固原则进行凝固的工艺措施有：①正确布置浇注系统的引入位置，控制浇注温度、浇注速度和铸件凝固位置；②采用冒口和冷铁；③改变铸件的结构；④采用具有不同蓄热系数的造型材料。

3. 答：加热升温速度要慢；采用压力机上锻造，对坯料主要施加静压力进行变形；降低变形速度使再结晶能充分进行，防止产生加工硬化等。

4. 答：不可以。曲柄压力机的行程不能随意调节，不适宜进行拔长、滚压等需要反复锻压、工作行程不固定的制坯操作。对这类制坯工序需在其他设备上完成。

5. 答：焊接变形的基本形式有收缩变形、角变形、弯曲变形、扭曲变形和波浪形变形。

6. 答：焊接热影响区中，具有过热组织和晶粒明显粗大的区域，称为过热区。过热区被加热到 A_{c3} 以上 $100 \sim 200 ℃$ 至固相线温度区间，奥氏体晶粒急剧长大，形成过热组织，故该区的塑性及韧性降低。对于易淬火硬化的钢材，此区脆性更大。

五、综合题（30 分）

1. 答：（1）属于受阻收缩。（2）有铸造热应力和机械应力。（3）在凝固开始时，铸造应力框中杆 1 受压应力，杆 2 受拉应力；凝固结束时，铸造应力框中杆 1 受拉应力，杆 2 受压应力。（4）AB 两点间的距离 L 将变长。

2. 答：拔长—压肩—锻台阶—修整。

3. 答：（1）埋弧焊；（2）缝焊；（3）手弧焊；（4）硬钎焊；（5）氩弧焊；（6）缝焊＋对焊；（7）对焊。

模拟试题三

一、是非题（10 分）

1. √；2. ×；3. √；4. √；5. ×；6. √；7. ×；8. ×；9. ×；10. ×。

二、选择题（10分）

1. A；2. C；3. A；4. B；5. A；6. D；7. B；8. A；9. A；10. B。

三、填空题（20分）

1. 液态、凝固、固态；2. 侵入性气孔、析出性气孔、反应性气孔；3. 塑、变形；4. 好、大；5. 落料、冲孔；6. 压、拉；7. 阴极区、阳极区、弧柱区、弧柱；8. 预热、热处理。

四、简答题（30分）

1. 答：逐层凝固的合金倾向于产生集中缩孔，如纯铁和共晶成分铸铁。糊状凝固的合金倾向于产生缩松，如结晶温度范围宽的合金。

促进缩松向缩孔转化的方法有：①提高浇注温度，合金的液态收缩增加，缩孔容积增大；②采用湿型铸造，湿型对合金的激冷能力比干型大，凝固区域变窄，使缩松减少，缩孔容积相应增加；③凝固过程中增加补缩压力，可减少缩松而增加缩孔的容积。

2. 答：砂型铸造中机器造型方法有振压造型、微振压实造型、高压造型和抛砂造型等。

3. 答：碳钢在锻造温度范围内变形时，通常是不会产生冷变形强化的；但若采用较高的锻造速度，造成加工硬化的速率高而发生再结晶的速率较低时，也有可能会产生冷变形强化现象。

4. 答：模锻生产效率较高；能锻造形状复杂的锻件；锻件内部流线分布合理；模锻件的尺寸精度较高，表面质量较好；模锻操作简单，易于实现机械化、自动化生产；模锻件的质量不能太大；设备投资较大，模具费用较高，工艺灵活性较差，生产准备周期较长，不适合单件、小批量生产。

5. 答：正火区被加热到 A_{c3} 至 A_{c3} 以上 $100\sim200℃$ 之间，金属发生重结晶，冷却后得到均匀而细小的铁素体和珠光体组织（正火组织），塑性和韧性均较好。

6. 答：熔焊的实质是金属的熔化和结晶，类似于小型铸造过程。压焊的实质是通过金属预焊部位的塑性变形，挤碎或挤掉结合面的氧化物及其他杂质，使其纯净的金属紧密接触，界面间原子间距达到正常引力范围而牢固结合。钎焊的实质是利用液态钎料润湿母材，填充接头间隙，并与母材相互扩散实现连接焊件。

五、综合题（30分）

1. 答：①铝活塞，金属型铸造；②气缸套，离心铸造；③汽车喇叭，压力铸造；④缝纫机头，砂型铸造；⑤汽轮机叶片，熔模铸造；⑥车床床身，砂型铸造；⑦大模数齿轮滚刀，熔模铸造；⑧带轮及飞轮，砂型铸造或离心铸造；⑨大口径铸铁管，离心铸造；⑩发动机铸铁缸体，砂型铸造。

2.答：镦粗—局部镦粗—冲孔—修整。

3.答：结构修改如下图所示。图（a）焊缝应避开最大应力处；图（b）应尽量减少热节；图（c）应尽量避免焊缝交叉集中；图（d）自由锻应避免锥面。

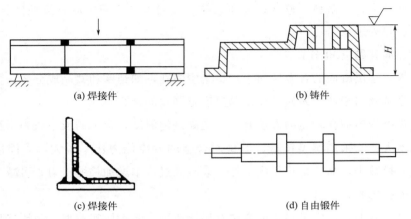

(a) 焊接件   (b) 铸件

(c) 焊接件   (d) 自由锻件

综合题 3 答案附图

模拟试题四

一、是非题（10分）

1.×；2.√；3.√；4.×；5.×；6.×；7.√；8.√；9.×；10.×。

二、选择题（10分）

1.B；2.C；3.D；4.B；5.B；6.C；7.D；8.C；9.B；10.C。

三、填空题（20分）

1.液态、凝固；2.热应力、机械应力、各部分冷却速度不一致、收缩受到机械阻碍；3.铸件质量、造型工艺；4.塑性、变形抗力；5.弹性变形阶段、塑性变形阶段、断裂分离阶段；6.再结晶退火；7.差；8.机械矫正、火焰加热矫正；9.焊芯、药皮；10.等强度同成分原则。

四、简答题（30分）

1.答：缩孔是由合金收缩产生的集中在铸件上部或最后凝固部位、容积较大的空洞。缩松是指铸件断面上出现的分散而细小的缩孔。缩孔和缩松产生的主要原因是铸件的液态收缩和凝固态收缩得不到足够补偿。

防止铸件产生缩孔的有效措施是使铸件实现定向（顺序）凝固。此外，针对结晶温度范围宽的合金，可合理选择铸造合金，增大铸件的冷却速度及加压补缩防止缩孔和缩松。

2.答：不能单纯靠增加壁厚来提高壁的强度，因为铸件壁过厚会使心部冷却速度较慢，引起晶粒粗大，还会出现缩孔、缩松、偏析等缺陷，从而使铸件的力学性能下降。

3.答：热变形使得金属的晶粒细化，组织致密，强度、塑性及韧度都得到提高。同时，金属中出现流线组织使变形金属表现出各向异性。

4.答：自由锻是将加热好的金属坯料放在锻造设备的上、下砧铁之间，施加冲击力或压力，直接使坯料产生塑性变形，从而获得所需锻件的一种加工方法。自由锻的优点是设备简单，操作方便，适应性强、灵活性大，成本低，可锻造小至几克大至数百吨的锻件；缺点是锻件尺寸精度低、材料的利用率低，劳动强度大、条件差，生产率低。自由锻主要适用于单件、小批生产和大型锻件的生产。

5.答：部分相变区被加热到 $A_{c1} \sim A_{c3}$ 之间的温度范围内，材料产生部分相变，即珠光体和部分铁素体发生重结晶，使晶粒细化；部分铁素体来不及转变，具有较粗大的晶粒，冷却后致使材料晶粒大小不均，因此，力学性能稍差。

6.答：金属材料的焊接性是指材料对焊接加工的适应性，即在一定的焊接工艺条件下，获得优质焊接接头的难易程度。它包括两个方面的内容：一是在一定焊接工艺条件下得到优质焊接接头的能力；二是焊接接头在使用中的可靠性。

碳当量法是把钢中合金元素的含量换算成碳的相当含量来评估焊接时可能产生裂纹和硬化倾向的计算方法。

当 $w_{CE} < 0.4\%$ 时，钢的淬硬倾向较小，焊接性良好；

当 $w_{CE} = 0.4\% \sim 0.6\%$ 时，钢有一定的淬硬倾向，焊接性较差，需采用焊前适当预热与焊后缓慢冷却的工艺措施；

当 $w_{CE} > 0.6\%$ 时，钢的淬硬倾向大，焊接性更差，需采取较高的预热温度等严格的工艺措施。

五、综合题（30分）

1.答：①熔模铸造；②砂型铸造；③金属型铸造；④离心铸造。

2.答：图（a）所示的焊缝布置上有较多的交叉集中现象，在焊缝交叉点上会产生较大的焊接应力。图（b）所示的焊缝布置较为合理。

在设计中应尽量避免交叉焊缝，如不可避免，应采用合理的焊接顺序减小焊接应力。为了减小焊接应力与变形，焊接顺序应考虑"先短后长，先中间后两边"的对称焊接。焊接顺序如下图所示。

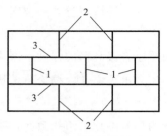

综合题 2 答案附图

3.答：（a）铸件有大的水平面，大的水平面不利于充型，应尽量将水平面设计成倾斜形状，见下图（a）。

（b）焊缝无折边，焊缝处于应力集中位置，容易开裂，应留有折边，见下图（b）。

（c）自由锻件上的锥面成形困难，工艺过程复杂，应尽量用圆柱体代替锥体，见下图（c）。

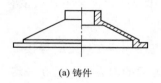

(a) 铸件

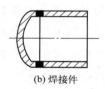

(b) 焊接件

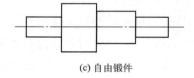

(c) 自由锻件

综合题 3 答案附图

第四部分

课程实验指导

实验一　金属液的充型能力及流动性测定实验

一、实验目的

（1）了解浇注温度对金属液充型能力和流动性的影响；

（2）了解金属液流动性与造型缺陷的关系；

（3）掌握螺旋型试样法测定金属液流动性的方法。

二、实验设备与工具

坩埚、电阻坩、热电偶测温仪、铝合金、螺旋型试样模样、型砂、砂箱、造型工具、浇注工具、钢卷尺等。

三、实验原理

充型能力是金属液充满铸型型腔，获得轮廓清晰、形状准确的铸件的能力。充型能力主要取决于液态金属的流动性，同时又受相关工艺因素的影响。

液态金属本身的流动能力称为金属的流动性。流动性与合金种类、成分、杂质与含气量及质量热容、密度和热导率等物理性能有关。流动性好的合金，充型能力强，补缩能力强，气体和杂质易于上浮，有利于得到没有气孔和夹杂形状完整、轮廓清晰的铸件。

液态合金的流动性通常用浇注"螺旋型试样"的螺旋线长度来衡量（图 S1-1）。在相同的铸型和浇注条件下，浇注各种合金的流动性试样，凝固冷却后测定所浇注出试样的螺旋线

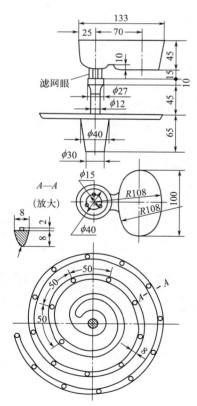

图 S1-1　螺旋型流动性试样

长度，来比较各种合金的流动性。螺旋线越长表示合金的流动性越好。为了便于读出和测量试验结果，在螺旋槽中，从缓冲坑开始每隔 50mm 做一个小凹坑。

另外，对于同一种金属，也可以用流动性试样研究各种铸造因素对其充型能力的影响。例如改变型砂水分、浇注温度、直浇道高度等因素之一，以判断该因素的变动对充型能力的影响。

四、实验步骤

（1）配制型砂。用原砂（140 号/100 号）加入适量黏土和水混制成湿型砂。

（2）造型。采用同一个螺旋型试样的模样分别制作两个直浇道高度不同和相同的两组砂型，并制成上、下砂型，然后合箱等待浇注。

（3）熔化合金。用电阻炉熔化指定成分的铝合金。当铝液升温至 730～750℃时，用氯化锌或六氯乙烷精炼，以去除气体和杂质，然后立即清除熔渣并静置 1～2min，等待浇注。

（4）浇注。浇注要求平稳，浇速大小适中。

（5）开型、落砂。待铸件凝固后，开箱清砂。

（6）测量。待试样冷却后，分别测出不同试样螺旋型部分的长度，并记录实测数据。

（7）整理好工具、模样、砂箱，并清扫造型现场。

（8）填写实验报告。

五、注意事项

（1）舂砂时不得将手放在砂型上，以免砸伤；

（2）清除型内散砂时，不得用嘴吹，以防迷眼；

（3）不得用手、脚触摸刚落砂的铸件和浇注系统，以免烫伤；

（4）浇注时需对准外浇口，以防止金属液飞溅。

实验二　铸造合金残余应力测定实验

一、实验目的

(1) 学会使用应力框测定铸造合金残余应力的基本原理和方法；

(2) 了解残余应力对铸件的影响；

(3) 了解并掌握产生残余应力的原因及防止措施。

二、实验设备和工具

金属熔化炉（中频感应电炉）；湿型黏土砂、铸造应力框试样的模样、型板、砂箱、造型工具和浇注工具等；台钳、游标卡尺、锉刀、钢锯、钢丝刷等。

三、实验原理

铸件在凝固和随后的冷却过程中，收缩受到阻碍而引起的应力称为铸造应力。铸造应力对铸件质量影响很大。若铸件总应力值超过合金屈服极限，将引起铸件变形，降低铸件尺寸精度。总应力值超过合金强度极限，铸件将产生冷裂，导致报废。残余应力存在于铸件中，在交变载荷下工作，可能会降低材料的抗疲劳强度。若残余应力与载荷作用力方向一致，则铸件内外应力总和可能超过材料许用强度极限而破坏，甚至造成重大事故。因此，检测铸件残余应力，研究残余应力产生、发展过程，对研究制定相应工艺措施，尽量减小并设法消除铸件残余应力，改善铸件质量有很重要的现实意义。

铸件在凝固和冷却过程中，不同部位由于不均衡的收缩而引起的应力称为热应力。热应力是一种铸造残留应力，落砂后它仍存在于铸件内。固态金属在弹-塑性临界温度以上的较高温度时，处于塑性状态，如果金属收缩受阻产生较小的应力作用，则金属可以产生塑性变形使应力自行消除。而在弹-塑性临界温度以下，金属呈弹性状态，在应力作用下发生弹性变形，变形之后，应力仍然存在。只有当应力大于金属的屈服强度，金属产生一定的塑性变形后，应力才有可能稍微松弛。这种应力一旦形成，将一直残留在铸件内，它是铸件产生变形、开裂的主要原因。所以，设计铸件时，要尽量使各部分的冷却速度一致，实现同时凝固，以减小铸件的热应力。

本实验是测定铸件残留应力的数值，以研究各工艺参数对铸件残留应力大小的影响。采用应力框试样来进行测定，如图 S2-1 所示，应力框试样的横梁有足够的刚度，粗杆Ⅰ中残余拉应力，细杆Ⅱ中残余压应力。

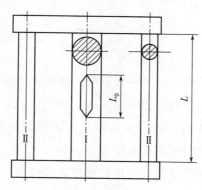

图 S2-1　应力框试样

其基本原理是把应力框中受拉应力的杆Ⅰ锯开，截面变小，锯到一定程度时，拉力导致的应力达到强度极限 R_m，粗杆被拉断。应力框内残余应力得到释放，破坏了内部应力的平衡，使得杆Ⅰ缩短，受压应力的杆Ⅱ伸长。

粗杆Ⅰ所受内应力的计算方法一：根据未锯前杆Ⅰ的拉力，与锯开前一瞬间的拉力相等，获得未锯前杆Ⅰ的内应力 R_1 和抗拉强度 R_m 的关系式

$$R_1 F_1 = R_m A \tag{S2-1}$$

式中　R_1——中间粗杆所受内应力，MPa；

　　　F_1——粗杆Ⅰ的截面积，mm^2；

　　　A——拉断时的三角面积，mm^2；

　　　R_m——材料的抗拉强度，MPa。

粗杆Ⅰ所受内应力的计算方法二：通过测定其变形量，求出弹性应变值 ε，再根据弹性变形范围内的公式 $R = E\varepsilon$，求出铸件的热应力 R_1

$$R_1 = E \frac{\Delta L}{L\left(1 + \dfrac{F_1}{2F_2}\right) - L_0} \tag{S2-2}$$

式中　E——弹性模量，普通灰铸铁取 $9 \times 10^4\,MPa$，球墨铸铁取 $1.8 \times 10^5\,MPa$；

　　　ΔL——中间粗杆凸台锯断前后测量的伸长量，$\Delta L = L_1 - L_0$，mm；

　　　L——应力框锯断前粗（细）杆的长度，mm；

F_1——杆 I 的截面积，mm^2；

F_2——杆 II 的截面积，mm^2。

注意，凸台两端的距离变化量 ΔL 包括了杆 I（去除凸台长度 L_0）的收缩量和杆 II 的伸长量。

细杆 II 所受内应力 R_2 的计算方法

$$R_2 = R_1 \frac{F_1}{2F_2} \tag{S2-3}$$

四、实验内容

（1）熔炼铁水撇渣后浇注入应力框砂型；待应力框凝固并冷却后，打箱、清理，用游标卡尺测量出凸台两端的距离。

（2）手工将应力框从凸台的中央锯断；再次用游标卡尺测量出凸台两端距离；根据给定公式计算出粗杆的残余拉应力。

（3）根据崩断面积估算出铸铁的抗拉强度，仔细观察应力框自行崩断处的断面情况。

五、实验方法与步骤

（1）熔化金属；

（2）造型，每组制作应力框砂型两个，为使横梁快冷，造型时在横梁处放冷铁，浇注灰铸铁和球墨铸铁应力框各一个；

（3）待铸件冷却后，用钢丝刷清理铸件；

（4）把中间粗杆上的小凸台用锉刀锉出锐角，用卡尺量出小凸台两尖角之间距 L_0；

（5）从凸台中间锯粗杆 I，锯成三角形截面，直至断开；

（6）用卡尺再测量断开后小凸台两尖角之间距离 L_1（见图 S2-2）；

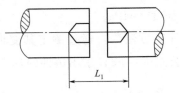

图 S2-2　断裂后凸台两端间距

（7）打断细杆 II，测量被内应力拉断的三角形断面的三边长 a、b、c，算出面积 A；

（8）分析实验数据，填写实验报告。

六、注意事项

（1）实验过程中必须严格遵守操作规程及注意事项，自觉遵守实验室各项规章制度；

（2）浇注应力框试样，清理时不要用力敲打试样，以防止应力释放；

（3）锯粗杆 I 时，注意不要锯伤两侧细杆，三个锯口应在垂直于杆轴线的同一平面内，锯到因内应力作用自动断开为止，快断时要慢锯，以减少实验误差。

实验三 冲模拆装与结构分析实验

一、实验目的

(1) 了解冲压模具的类型、结构、工作原理和应用范围；

(2) 了解冲模上主要零件的功用及相互关系；

(3) 掌握冲模正确的拆装方法并进行结构分析。

二、实验设备和工具

多种冲压模具模型、拆装工具（铜棒、木锤、起子、扳手、内六角扳手等）、游标卡尺等。

三、实验原理与内容

冲模是板料零件在冲压生产中主要的工艺装备，用于安装在冲压设备上完成冲压工作，其结构与技术性能在很大程度上决定了冲压件的质量、生产率及操作安全程度。

冲模按用途可分为冲裁模、弯曲模、拉深模等，按结构特点可分为简单模、连续模和复合模等三类。

冲模主要由工作零件、定位零件、取料零件、导向零件、支承零件和紧固零件等按一定方式组合而成。

工作零件主要用于直接对坯料进行加工的零件，包括凸模、凹模和凸凹模。不同工艺用途的冲模，其工件零件的结构有所区别。例如，冲裁的凸、凹模都应带有锋利的刃口，凸、凹模间的间隙很小（远小于冲裁件厚度），弯曲模和拉深模的凸、凹模都需有适当的圆角，其间隙也大于坯料厚度。

定位零件主要用于保证送料时有良好的导向并控制送料距离，使坯料有准确的工作位置，包括导料板、挡料销、导正销、定位销和定位板等。

压料、卸料及出料零件主要用于压紧坯料，保证质量或将工件和废料从冲模中推出，包括压边圈、卸料板、顶料器、推料器、弹性件等。

导向零件用于使凸、凹模准确对合，保证冲模安装在压力机上，传递工作压力，包括上/下模板、模柄、导柱、导套、凸模和凹模固定板、垫板等。

紧固及其他零件主要有螺钉和销钉等。

四、实验步骤

（1）根据冲压模具的结构，判断其基本类型，并制定拆装方案；

（2）按制定的拆装方案拆卸冲压模具，分离上、下模架后，观察各个刃口形状，并测绘其尺寸；

（3）了解各零部件的连接方式和相互配合性质；

（4）区分标准件与非标准件、可拆卸件与非可拆卸件；

（5）分析其工位情况，有无定距装置，有无侧刃等，进一步分析冲压模具的结构；

（6）进一步分析其他辅助结构：定位结构、卸料装置、导向装置等；

（7）绘制冲压模具的装配草图，并标注主要零件名称；

（8）按拆卸方案重新装配冲压模具，并调整凸、凹模间隙；

（9）对装配好的冲压模具，用纸模拟冲压过程，分析冲压制品的形状；

（10）整理场地和工具；

（11）完成实验报告。

五、实验注意事项

（1）按照要求，规范拆卸和装配，可以多人协同完成；

（2）工具、量具和拆卸下来的零件有序摆放；

（3）轻拿轻放，避免磕碰身体和模具元件；

（4）不得随意触摸锋利的模具刃口；

（5）实验结束，冲压模具复原后涂防锈油。

实验四　金属激光焊接实验

一、实验目的

（1）了解激光焊接机的结构组成、加工特点、基本原理及应用场合；

（2）学会激光焊接机的基本操作，能够进行简单的焊接操作；

（3）掌握激光焊接工艺参数对焊接成形质量的影响。

二、实验要求

（1）了解激光焊接机的结构及各部分的作用；

（2）熟悉实验室激光焊接设备的控制软件及操作，学会简单焊缝轨迹的编辑及参数设置；

（3）掌握激光焊接工艺参数的选择与加工质量之间的关系；

（4）完成典型材料和零件的激光焊接设备的简单操作。

三、实验设备

StarWeld250 激光焊接机、体视显微镜、拉伸机。

四、实验原理

激光焊接，是利用激光束作为能源轰击焊件所产生的热量将焊件熔化进行焊接的方法。激光是波长、频率、方向完全相同的光束，具有单色性好、方向性好、能量密度高的特点。激光加工的基本原理是把聚焦后具有一定功率密度的激光束照射到材料适当的部位，材料被照部位迅速升温。根据不同的光照参量，材料可以发生汽化、熔化、金相组织变化等，从而达到工件材料的去除、连接、改性或分离等加工目的。激光焊接时，激光束照射材料，局部材料迅速升温达到熔点，但不汽化，待金属冷却凝固后，分离的两部分就焊接到一起了。按激光焊缝的形成特点可以分为热导焊和深熔焊，如图 S4-1 所示。

激光焊接质量的主要影响因素有：

（1）激光功率。激光深熔焊接时，激光功率越高，熔深越大，焊接速度也越

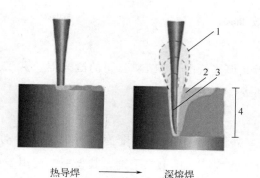

热导焊 ⟶ 深熔焊

图 S4-1　热导焊-深熔焊

1—等离子云；2—熔融材料；3—匙孔；4—熔深

快。但同时气孔数也与激光功率成正比关系。因此激光焊接功率的选取不应过高和过低。

（2）光斑直径。光斑大小决定功率密度，但对于高功率激光束而言，对它的测量是一个难题，虽然可以用感光纸感知，但是由于聚焦透镜像差的存在，不是很精确。

离焦量是指焦平面与被焊工件上表面的距离。激光焊接通常需要有一定的离焦量，因为激光束焦点处光斑中心的功率密度高，容易使金属蒸发成孔。焦点的调整如图 S4-2 所示，在离开激光焦点的各个平面上，功率密度分布相对均匀。离焦方式有两种：正离焦与负离焦。负离焦时，可获得更大的熔深，通常将焦点位置设置在工件表面下所需熔深的 1/4 处，如图 S4-2（b）所示。

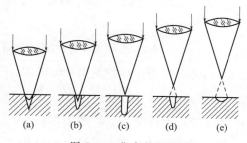

(a)　　(b)　　(c)　　(d)　　(e)

图 S4-2　焦点的调整

（3）焊接速度。提高速度会使熔深变浅，速度过低又会导致材料过度熔化，工件焊穿。对于特定厚度的特定材料，可以多次试验选取合适的焊接速度。

（4）保护气体。激光焊通常需要使用惰性气体进行保护，以防止发生氧化和空气污染。最常用的是氩气。氩气流量增大，保护层抵抗流动空气影响的能力增强，同时也可以防止熔渣堆积。但流量过大，保护层会产生不规则流动，易使空气卷入，降低保护效果。

五、实验步骤

StarWeld250 激光焊接机由 ROFIN 公司的激光器、武汉逸飞的控制部分及执行部分组成。焊接实验步骤如下。

（1）开机顺序。

① 打开冷水机，外接水冷机工作温度为 15～18℃，转动旋钮，待数显表显示 2、1.5、12.2 后，常按第一排第二个键，其余三个键用于设置参数。

② 打开激光器：转动旋钮，上总电源；按下启动按钮，启动谐振开关（R-RESONACE shutter），启动冷水机，等待泵开始工作；听到泵开始工作的声音后，转动钥匙开关，启动 POWER SHUTTER，等待激光器启动后，红灯亮。

红光是指示光，指示激光的输出路径和位置，与激光同光路输出，用于调节焦点位置。

分能输出：激光器输出能量恒定，用一个半反射镜将能量等分为二，分光路输出。

分时输出：将激光器能量选择由 A 路输出，还是由 B 路输出。

（2）控制及执行部分。打开控制部分，打开驱动、切换、使能、程控，随后点程序，则打开的程序开始运行，其中程序可由数控加工的 G 代码编写。

激光器控制部分参数设置如下：

电压 400～750V，频率（每秒出光率）1～500Hz，一般 20Hz 左右；脉宽 0.3～20ms，一般 10～15ms。上述参数整合后，激光功率最大为 250W，应合理选择激光工作参数。

beam test 中第一行 beam on 表示连续打，按 beam off 停止出光；第二行 beam on 则表示手动控制出光，可以手动控制出光的时间。

使能：电机驱动。

X/C：按下 Z、C 轴工作；不按则 X、Y 轴工作。

切换：操作面板上键盘按下切换按钮，手柄才起作用。

驱动：机床驱动。

程控：准备走加工程序。

程序：调入程序，则点一下开始按钮，加工程序开始执行。

暂停：暂停加工程序。

（3）控制软件部分（如图 S4-3～图 S4-5）。

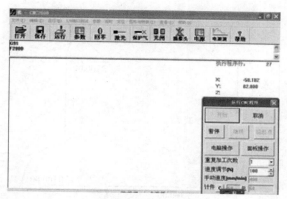

图 S4-3　操作界面

图 S4-4　激光电源参数

　　① 自动编程。点击图形与转换菜单下的自动编程，则进入自动编程功能。按工具栏上的保存按钮，将程序保存为.n格式文件，则自动将图形转换为数控程序，并回到数控加工状态。

　　② 视教编程。点击"图形与转换"菜单下的"视教编程"，有"电脑移动"和"在线编辑"两种模式。电脑移动模式下，按 X＋、X－、Y＋、Y－、Z＋、Z－、C＋、C－先将工作台移动到零件起点，按"起点，直线终点"按钮定义这点为起点，然后移动工作台到直线转折点，按"起点，直线终点"按钮确认。如果是圆弧，还需要在圆弧中间位置选圆弧通过点。在线编辑模式下，认为光斑所在点为编程起点，有直线及圆弧插补功能。直线插补通过"起点、终点"定义，可以控制移动速度和单步距离，每步的单步距离可实时调节，上一步的终点可作为下一步的起点。圆弧的插补通过圆弧起点，圆弧经过点击圆弧终点定义，加工

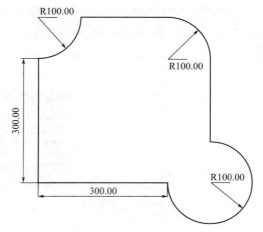

图 S4-5　激光焊接示例轨迹

方式有"空走"和"加工"两种方式。

③ 矩形零件和圆形零件焊接。为了提高矩形零件的焊接质量，要求矩形 4 个角用小圆弧过渡，焊接完后，再多焊一段和起始段重叠，要求重叠长度可设置，并且要求每段转弯都没有加减速，重叠段也没有加减速，从而保证焊斑均匀。软件在"图形与转换"菜单下增加了这项矩形焊接功能。

为了提高圆形零件的焊接质量，要求焊接完整圆后，再多焊一段圆弧和起始段重叠，要求重叠长度（或角度）也可设置，并且要求从整圆到重叠段之间没有加减速，保证焊斑均匀。

④ 相贯线功能。

相贯线焊接：绕小圆柱旋转。

相贯线切割：绕大圆柱旋转。

"相贯线功能"：在"图形与转换"菜单下增加了"相贯线功能"，相贯线可设置为由"X、C"或"X、Y"联动完成，当设置为"X、Y"联动完成时，可看到展开轨迹。

⑤ 圆管切割。由 X、C 联动，与中心线成某一夹角切断圆管。输入圆管半径，截面与轴线夹角，自动生成 X、C 联动数控加工程序。

（4）保持焊接速度和焦点位置不变，改变激光功率，分别焊接 4 个样品。

（5）保持激光功率和焦点位置不变，改变焊接速度，分别焊接 4 个样品。

（6）保持激光功率和焊接速度不变，改变焦点位置，分别焊接 4 个样品。

（7）关机顺序。依次关闭钥匙开关、启动开关、总电源，常按外置水冷机第一排第 2 个键，随后关旋钮。

(8) 通过体视显微镜观测样品的熔宽和熔深。

(9) 利用拉伸机对样品进行拉伸性能对比。

(10) 整理实验设备及实验现场。

(11) 完成实验报告。

六、注意事项

(1) 不得在密封罩打开的情况下使用本系统；

(2) 激光焊接时，不得离工作区域太近，防止激光辐射伤害皮肤；

(3) 激光加工过程中，严禁用眼睛直视出射激光或反射激光，以防损害眼睛；

(4) 机器周围禁止堆放杂物，尤其是易燃品。

实验五 热塑性塑料注射成形实验

一、实验目的

（1）通过热塑性塑料注射成形的现场操作和制品成形，掌握注塑成形的工作原理和工艺过程；

（2）了解塑料注射成形机 HTF250X1 的组成结构和基本操作方法；

（3）了解原料、注射机、模具与制品之间的关系，以及工艺条件对制品质量的影响关系。

二、实验内容及要求

（1）熟悉注射成形机 HTF250X1 操作面板各个界面的内容，熟悉注射成形温度、压力和时间等三个主要因素的参数调整方法；

（2）通过手动操作方式，熟悉注射成形的各个基本操作过程；

（3）利用半自动操作方式，在预先调整的加工条件下，加工出合格塑料制品；

（4）依次变化下列工艺条件：注射速度、注射压力、保压时间、冷却时间、料筒温度等，利用设备模号记忆功能，设置其余五组制品的加工条件，观察每组制品的外观质量，记录不同实验条件导致外观质量变化的情况。

三、实验材料与设备

（1）ABS 粒子（根据其具体牌号，查表确定其预热和加工温度）；

（2）塑料注射成形机 HTF250X1（螺杆直径 ϕ50mm，注射压力 25MPa/250bar❶，锁模力 2500kN，注射容量 442cm³）；

（3）塑料注射模具一副（制品名称为电机罩壳，材料 ABS）。

---

❶ 1bar＝100kPa。

四、实验步骤

1. 准备工作阶段

（1）阅读注塑机 HTF250X1 的使用说明资料，了解设备的工作原理，组成结构、安全要求、操作规程和注意事项。

（2）了解原料的名称规格，成形工艺特点及制品的质量要求，参考有关的塑料制品成形工艺条件，初步拟出实验条件：①原料的干燥预热条件；②料筒温度、喷嘴温度；③螺杆转速、背压（操作面板显示的压力单位为 bar）及加料量；④注射速度、注射压力；⑤保压压力、保压时间；⑥模具温度、冷却时间；⑦制品的后处理条件。

（3）按实验设备使用说明书和操作规程要求，做好注射机液压系统、加热装置、行程控制装置的检查和维护工作。

（4）熟悉设备操作面板上各个界面，用手动操作方式进行开/合模、座台进、座台退、脱模进、脱模退等基本操作。

2. 加工制品阶段

（1）用手动操作方式，当原料加热温度达到实验条件时，对空注射并观测从喷嘴流出的料条是否光滑明亮，有无变色、银丝、气泡等，原料质量和预塑过程基本正常，才能进入下一步加工制品。

（2）用手动操作方式，依次进行脱模退、闭模前进、射出（去废料）、储料（塑化）、座台进、射出、再储料（为下个循环准备原料，同时保压）、开模、脱模进、顶出制品、取制品，完成一个基本过程的操作，熟悉其工艺过程。

（3）用半自动操作方式，在确定的实验条件下，连续稳定地制取多个制品。

（4）在操作界面中依次改变实验条件：①注射速度；②注射压力；③保压时间；④冷却时间；⑤料筒温度；⑥脱模/顶出压力。

利用设备模号记忆功能，设置其余 5 组制品的加工条件，同样利用半自动操作加工出 5 个制品，观察每组制品的外观质量，记录不同实验条件导致外观质量变化以及是否出现注射加工质量缺陷等情况。

（5）观察每组制品的外观质量，记录不同实验条件导致制品外观质量变化的情况，分析实验制品产生质量缺陷名称和原因。

（6）实验结束，按设备规定顺序正确关机，清理和打扫现场。

（7）完成实验报告。

五、安全注意事项

（1）安装模具的螺栓、压板、垫铁应牢固可靠。

（2）料斗中原料一定要在规定温度下预热，否则不准进行注射操作。

（3）禁止在料筒中没有储料的情况下进行射出操作。

（4）禁止料筒温度在未达到规定要求时进行预塑或注射操作。

（5）主机运转时，严禁手臂及工具等硬质物品进入料斗内。

（6）喷嘴阻塞时，禁用增压的办法清除阻塞物，由专职人员进行处理。

（7）不得用硬质金属工具接触和打击模具型腔。

（8）实验过程中严禁任意调整和改变液压系统控制阀和电气开关。

（9）关机前，在注射模具的模腔/型芯四周加注防锈油。

实验六 熔融挤压原型增材制造实验

一、实验目的

（1）了解增材制造的基本原理；

（2）掌握熔融挤压增材制造（MEM）的工艺方法、工作过程和设备类型等；

（3）掌握熔融挤压增材制造设备的基本操作，加深对增材制造方法的理解。

二、实验内容及要求

（1）了解熔融挤压原型增材制造的基本工艺及后处理方法；

（2）学会使用熔融挤压原型增材制造设备 UP Plus 2 来制作典型零件。

三、实验设备

UP Plus 2 3D 打印机、计算机。

四、实验原理及其设备组成

MEM，即熔融挤压原型增材制造（类似于美国 FDM 工艺），如图 S6-1 所示，该工艺以 ABS、PLA 和蜡等热熔融性材料为原材料，在其熔融温度下靠自身的黏接性逐层堆积成形。在该工艺中，材料连续地从喷嘴挤出，零件由丝状材料的受控积聚逐步堆积成形。

MEM 成形设备主要由系统主框架、XYZ 扫描运动系统、喷头及送丝机构、加热及温控系统和数控系统等组成，其系统框图如图 S6-2 所示。

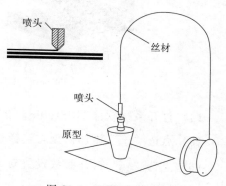

图 S6-1 MEM 工艺原理

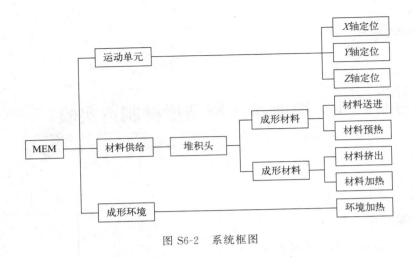

图 S6-2　系统框图

五、实验步骤

（1）准备好典型零件模型的 STL 格式数据；

（2）整理好打印材料和打印垫板；

（3）如图 S6-3 所示，打开 3D 打印机电源"开关 1"，此时"指示灯"为红色，然后长按"开关 2"，听到 3 声响后松开"开关 2"，自动完成设备初始化，此时"指示灯"为绿色；

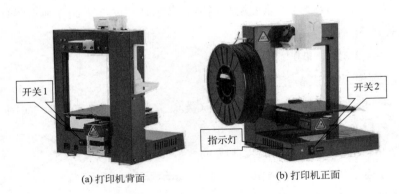

(a) 打印机背面　　　　　　　　　　(b) 打印机正面

图 S6-3　UP Plus 2 3D 打印机

（4）打开系统软件 UPStudio，点选"UP"按钮，其界面如图 S6-4 所示；

（5）点选"＋"添加模型，选择相应 STL 文件，并进行合理摆放；

（6）点选"■"打开参数设置对话框，如图 S6-5 所示，进行层片厚度和填充方式等相应参数设置；

（7）打印预览后开始预热并打印模型；

（8）模型打印完成后进行后处理，去除支撑并打磨模型表面；

（9）关闭设备电源开关和电脑，然后整理打印平台和桌面；

（10）完成实验报告。

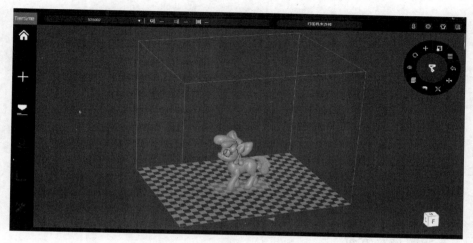

图 S6-4　UPStudio 软件界面

图 S6-5　参数设置

实验报告

实验一　金属液的充型能力及流动性测定实验报告

班级＿＿＿＿＿＿　学号＿＿＿＿＿＿＿　姓名＿＿＿＿＿＿＿

一、实验目的

二、实验步骤

配制型砂 → ＿＿＿＿＿＿＿＿＿＿＿＿＿＿＿＿＿＿＿＿＿

→ 测量 → ＿＿＿＿＿＿＿＿＿＿＿＿＿＿＿＿＿＿＿＿＿

三、实验数据及分析

1. 记录数据

测试参数	试样 1	试样 2	试样 3	试样 4
合金类型				
铸型类型				
过热温度 /℃				
浇注温度 /℃				
直浇道高度 /mm				
螺旋型试样长度 /mm				

2. 实验分析

（1）结合实验数据，分析浇注温度对合金流动性和充型能力的影响。

（2）结合实验数据，分析直浇道高度对充型能力的影响。

四、思考题

（1）合金流动性和充型能力有何区别？

（2）可采用哪些措施提高合金的充型能力？

（3）合金流动性较差时，铸件易产生什么缺陷？为什么？

实验二　铸造合金残余应力测定实验报告

班级＿＿＿＿＿＿＿　学号＿＿＿＿＿＿＿　姓名＿＿＿＿＿＿＿

一、实验目的

二、实验步骤

三、实验数据

材料名称	应力框锯断前总长度 L/mm	锯断前粗杆凸台长 L_0/mm	锯断后粗杆凸台长 L_1/mm	粗杆所受内应力 R_1/MPa		细杆所受内应力 R_2/MPa
				公式一	公式二	公式三

四、思考题

（1）简述铸造应力的危害。

（2）简述应力框中残余应力存在的原因，并讨论机床床身导轨处较厚部分是受拉应力还是受压应力。

（3）测量自行崩断的断面情况，根据崩断的断面面积估算出铸铁抗拉强度。

实验三　　冲模拆装与结构分析实验报告

班级_____　学号_____　姓名_____

一、实验目的

二、实验步骤

三、实验数据记录及分析

（1）所拆装冲压模具的名称：_____。

（2）填写拆装冲压模具的各类零件表。

零件	零件名称	作用
工作零件		
定位零件		
压料、卸料及出料零件		
导向零件		
紧固及其他零件		

四、思考题

（1）简述板料冲压成形的特点。

（2）装配冲压模具时如何保证凸、凹模的同轴度？如何保证间隙均匀？

（3）举例说明板料冲压在生活、汽车、航空及国防工业中的应用。

（4）画出所拆装冲压模具的装配草图（可附页）。

实验四　激光焊接实验报告

班级_____　学号_____　姓名_____

一、实验目的

二、实验要求

三、实验原理

激光具有_____、_____、_____和_____的四大特点。

焊接常用的方法有_____、_____和钎焊等。激光焊接属于_____方法。

四、实验数据及分析

表1：焊接速度=_____m/min，焦点位置 $f=$ _____ mm 时不同功率下的熔深与熔宽。

试样号	1	2	3	4
功率 P /W				
熔宽 B /mm				
熔深 H /mm				

表2：功率 $P=$ _____W，焦点位置 $f=$ _____ mm 时不同焊接速度下的熔深与熔宽。

试样号	1	2	3	4
焊接速度 V /(m/min)				
熔宽 B /mm				
熔深 H /mm				

表 3：功率 $P =$ _____ W，焊接速度 $V =$ _____ m/min 时不同焦点位置下的熔深与熔宽。

试样号	1	2	3	4
焦点位置 f /mm				
熔宽 B /mm				
熔深 H /mm				

五、思考题

（1）结合实验结果，分析影响激光焊接工艺的主要参数有哪些？对焊接质量有何影响？

（2）激光焊接机理按照功率密度的大小可以分为哪两类？它们的焊接原理分别是什么？

（3）简述激光焊接的优缺点。

实验五　热塑性塑料注射成形实验报告

班级＿＿＿＿＿＿　学号＿＿＿＿＿＿＿　姓名＿＿＿＿＿＿

一、实验目的

二、实验内容及要求

三、实验材料与设备

（1）ABS 粒子，查表可知，预热温度为＿＿＿＿＿，加工温度为＿＿＿＿＿。

（2）实验用注射成形机型号为＿＿＿＿＿＿＿＿＿。

四、实验过程

完成一个零件注射成形的工艺过程为脱模退、＿＿＿＿＿＿、射出（去废料）、

＿＿＿＿＿＿、座台进、射出、＿＿＿＿＿＿（为下个循环准备原料，同时保压）、

＿＿＿＿＿＿、＿＿＿＿＿＿、＿＿＿＿＿＿、取制品。

五、实验数据

（1）填写实验用塑料注射成形机性能参数。

型号	螺杆直径	注射压力	锁模力	注射容量

（2）填写合格制品的成形工艺条件及相应参数。

注射速度	注射压力	保压时间	冷却时间	料筒温度	脱模/顶出压力

六、思考题

（1）简述塑料注射的工作原理和主要工艺过程。

（2）在成形过程中，选择料筒温度、注射速度、保压压力、冷却时间的时候，还应考虑哪些因素？

（3）简要说明本实验中实验制品产生质量缺陷情况，并分析产生缺陷的可能原因。如何从注塑成形工艺上给予改善？

实验六 熔融挤压原型增材制造实验报告

班级＿＿＿＿＿＿ 学号＿＿＿＿＿＿＿ 姓名＿＿＿＿＿＿

一、实验目的

二、实验内容及要求

三、实验设备及组成框图

（1）实验设备名称：＿＿＿＿＿＿＿

（2）设备组成框图如下：

四、实验步骤

五、思考题

（1）写出实验中所选择的增材制造参数：

层片厚度＿＿＿＿＿＿＿＿mm；填充方式选择＿＿＿＿＿＿＿＿。

填充方式：

简要说明选择这些增材制造参数的理由：

（2）简述 MEM 熔融挤压原型增材制造工艺的特点及其应用。

参考文献

[1] 王宏宇，等.材料成形工艺基础［M］.北京：化学工业出版社，2023.

[2] 刘新佳，等.材料成形工艺基础［M］.2版.北京：化学工业出版社，2012.

[3] 王宏宇.工程材料及成形基础学习指导［M］.2版.北京：化学工业出版社，2012.

[4] 邓文英，郭晓鹏.金属工艺学［M］.6版.北京：高等教育出版社，2017.

[5] 严绍华.材料成形工艺基础［M］.2版.北京：清华大学出版社，2008.

[6] 罗俊，等.工程材料与机械制造基础习题集［M］.2版.西安：西北工业大学出版社，2020.

[7] 姜银方，等.机械制造技术基础实训［M］.北京：化学工业出版社，2007.

[8] 夏巨谌，等.材料成形工艺［M］.2版.北京：机械工业出版社，2018.

[9] 机械设计实用手册编委会.机械设计实用手册［M］.3版.北京：机械工业出版社，2012.

[10] 崇凯.机械制造技术基础课程设计指南［M］.2版，北京：化学工业出版社，2015.

[11] 莫持标.机械制造技术课程设计指导［M］.武汉：华中科技大学出版社，2017.

[12] 闻邦椿.现代机械设计实用手册［M］.北京：机械工业出版社，2015.

[13] 宋昌才，等.机械制造技术综合实验教程［M］.2版.镇江：江苏大学出版社，2018.

[14] 张友寿.成形加工实验教程［M］.武汉：华中科技大学出版社，2006.

[15] 王冬.材料成形及机械加工工艺基础实验［M］.哈尔滨：哈尔滨工程大学出版社，2003.

[16] 申荣华.机械工程材料及其成形技术基础的辅导与题解［M］.武汉：华中科技大学出版社，2011.